갈릴레오 총서 21

REAL **S**IZE **고생대 생명체 3억년의 화려한 역사**

실물 크기로 보는
고생물도감

고생대
편

츠치야 켄 지음
김소연 옮김
이융남 감수

영림카디널

들어가며, 그리고 이 책을 즐기는 방법

지구 역사에서 초기의 생명은 현미경으로 보아야 간신히 보일 만큼 작았다. 수십억 년의 세월을 거쳐 사람의 육안으로 확인할 수 있을 만한 크기의 생명이 탄생한 것은 지금으로부터 6억 년 전이다. 이후 조금씩 커다란 생명체들이 출현하기 시작한다.

다양한 크기의 생명체를 보는 것만으로도 가슴이 두근거리고 설렌다. 특히 현생종이 존재하지 않는 고생물에 대해서는 뭐라 표현할 방법이 없는 낭만이 있다. 책을 펼치는 순간, 여러 종류의 다양한 모습이 당신의 지적 호기심을 자극할 것이다.

이런 종류의 책에서 자칫 잊기 쉬운 것이 '실제 크기에 대한 감각'이다. 덩그러니 개체만 있거나 당시의 자연 풍경을 배경으로 복원한 일러스트를 보면, 과연 이 고생물의 크기가 어느 정도였는지 짐작이 가지 않는 경우가 있다. 물론 '전장(꼬리를 포함한 전체 길이) 1m' '머리와 몸통 길이 3m'처럼 '숫자'는 표시되어 있다. 하지만 숫자만으로는 조금….

그래서 이 책이 필요한 것 같다. 여러 시대의 다양한 고생물을 현대의 우리 주변 풍경 속에 배치해보았다. '일반적인 도감'에 등장하는 그 고생물이 '사실 실제 크기는 이 정도였다!(작았다!)'라는 '크기감'이 여러분에게 직접 전달되기를.

첫 번째 시리즈인 '고생대편'은 실제로는 선캄브리아 시대 말기인 '에디아카라기'에서 출발해 고생대 말기인 페름기까지의 고생물을 현대의 풍경 속에 배치했다. 사상 최초의 패자인 아노말로카리스, 고생대 '음지의 주역'인 삼엽충류, 가장 초기의 육상 사족 동물인 이크티오스테가, 거대 잠자리 메가네우라, 커다란 돛이 달린 디메트로돈 등, 일반적인 도감에 실려 있는 '유명인사'들의 '실제 크기'를 독자 여러분들이 실감할 수 있기를 바란다.

이 시리즈는 필자의 '고생물 미스터리' 시리즈 편에서 많은 도움을 주신 군마현립 자연사박물관 관계자 여러분께서 감수를 맡아주었다. 감사의 말씀을 전한다. 가장 중요한 일러스트는 카미무라 카즈키 씨가 생물을 그려 주었고, 하토리 마사토 씨가 현대 풍경과 자연스럽게 어울리도록 만들어주었다. 디자인은 '고생물 미스터리' 시리즈의 WSB inc. 요코야마 아키히코 씨, 편집은 기술평론사의 오쿠라 세이지 씨가 수고해 주었다.

이 책을 펼친 여러분은 무엇보다 현대의 풍경 속으로 흘러들어온 고생물의 크기감을 즐겨주시기 바란다.

미리 말씀 드리자면 고생물의 크기는 화석과 화석을 분석한 자료를 근거로 산출한 것이며 실제로는 자료에 따라 차이가 있다. 이 책에서는 그런 자료들 가운데 '대표적인 크기'라고 판단할 수 있는 것을 기준으로 삼았다. 생물이므로 '개체의 차이'가 있을 수밖에 없다. 때문에 엄밀하게 말해 '크기 자료'는 아니다. 어디까지나 가볍게 이 정도 크기였구나 하고 즐겨주셨으면 한다. 또한 몇몇 '현대 일러스트'에서는 주인공인 고생물 외에 다른 페이지의 고생물이 '등비 축소'된 형태로 슬쩍 모습을 드러내고 있다. 어떤 고생물이 어디에 숨어 있는지, 앞뒤 페이지를 넘겨가며 고생물들을 비교해 보는 것도 재미있을 것이다.

그리고 현대 풍경에 배치하면서 수생동물인지 육상동물인지 등 다양한 제약에서는 어느 정도 자유로워지려 했다. 예를 들면 실제로는 수생 고생물이지만 육상 풍경을 배경으로 포즈를 취하고 있기도 하므로 양해 바란다. 또한 정확한 생태와 관련해서는 '○○○기의 바다'처럼 (간략히) 생태를 알 수 있는 장면을 일러스트로 준비했다.

편하게 고생물의 크기감을 느끼며 천천히 즐겨주시기를 바란다.

이 책을 읽는 당신에게 감사의 인사를 전한다.

츠치야 켄

| 차례 |

에디아카라기
캄브리아기

Ediacaran Period
Cambrian Period

생물이 시야에 들어올 만큼 커지고 형형색색의 자태를 드러내면서 화려한 시대의 막이 펼쳐졌다.

지상의 생명체들은 탄생 이후 수십억 년에 걸쳐 현미경 없이는 볼 수 없을 정도로 '더디게' 진화해왔다. 선캄브리아시대 말기인 에디아카라기(약 6억 3,500만 년 전~약 5억 4,100만 년 전)로 들어서자 생명체들은 급속도로 커지기 시작한다. 이 시대보다 나중에 형성된 지층에서 '육안으로 볼 수 있는 크기'의 화석이 본격적으로 확인된 것이다. 다만, 이 시대의 생명체들과 이후 시대의 생명체들이 어떻게 연관되어 있는지는 자세히 알려져 있지 않다.

약 5억 4,100만 년 전 이후에 이르면, 지층에서 발견되는 화석과 현재의 생물체들의 연결고리가 종종 발견되곤 한다. 그 시절의 초기인 약 2억 8,900만 년 동안을 고생대라 부른다. 고생대를 6개로 나누어서 가장 오래된 시대를 캄브리아기라고 한다. 이 시대에는 대부분의 생명체들이 사람 손바닥 만했지만 예외적으로 커다란 종도 존재했다.

킴베렐라
【*Kimberella quadrata*】

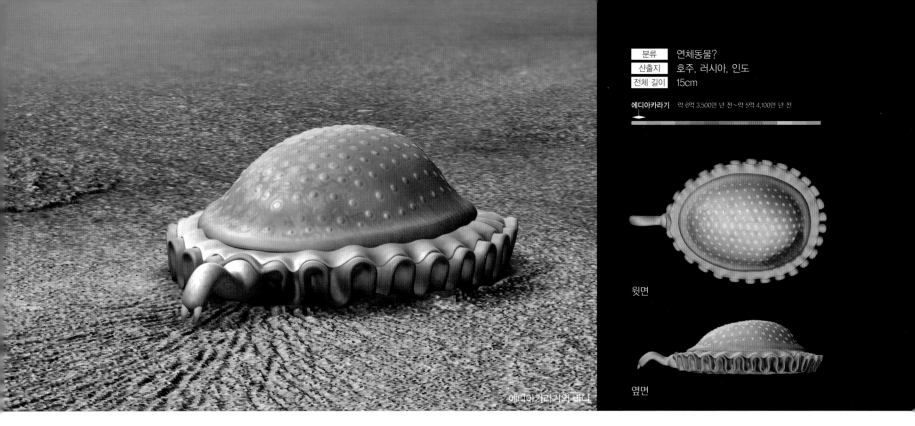

윗면

옆면

에디아카라기의 바다

친구들이 여럿 모였을 때, 킴베렐라를 넣은 파에야 요리는 어떨까?

킴베렐라는 오징어, 문어, 바지락 등과 같은 부류일 것으로 추정된다. 여기에 다른 씨푸드나 쌀과 환상의 궁합을 맞추되 잊지 말고 레몬즙도 뿌려서 다함께 맛보기를 바란다.

지금까지 보고된 바에 따르면, 킴베렐라 쿠아드라타(Kimberella quadrata)는 선캄브리아시대 에디아카라기를 대표하는 생물이다. 이 시대의 생물은 현대 생물과의 계통관계가 거의 알려지지 않고 있다. 화석만 놓고 보면 대부분 조직이 단단하지 않고, 발이나 지느러미가 없으며 눈도 없다. 어디가 몸통의 앞이고 뒤인지조차 분간하기 어렵다.

이런 시대의 생물치고는 드물게, 킴베렐라는 '신원을 파악할 수 있는 동물'이다. 좌우대칭의 몸체, 몸 주변의 주름구조(외투막) 등 오징어나 문어, 바지락과 친척인 연체동물의 특징을 갖추고 있기 때문이다. 몸의 어느 한 곳에서 '입술'을 길게 뻗어 주

변의 유기물을 긁어모아 먹었을 것으로 추정된다. '먹이를 긁어모은 흔적'도 화석에서 발견된 바 있다.

킴베렐라는 큰 개체의 경우 입술을 제외한 전체 길이가 15cm에 달하는 것이 있는가 하면, 불과 1~2cm로 아주 작은 것도 있다. 러시아에서만 800점 이상의 화석이 발견되었는데, 크기는 정말 다양하다. 껍데기는 말랑하고, 그 껍데기의 흔적이 땅속에 옴폭 들어간 채 발견된 경우가 많아 형태가 고스란히 전해지고 있다.

디킨소니아

【Dickinsonia rex】

분류	알 수 없음
산출지	호주, 러시아
전체 길이	1m

에디아카라기 약 6억 3,500만 년 전~약 5억 4,100만 년 전

윗면

옆면

에디아카라기의 바다

방석에서 잠들었던 강아지가 눈을 뜨니, 눈앞에 해괴하고 퉁퉁한 생명체가….

다소 공포를 자아내는 이 생물의 이름은 디킨소니아. 킴베렐라와 마찬가지로 선캄브리아시대 에디아카라기를 대표하는 생물이다. 디킨소니아속(屬)에는 수많은 종(種)이 있고, 같은 종이라도 크기가 다양하다. 오른쪽의 다다미 위에 있는 것은 전체 길이가 1m 정도 되는 디킨소니아 렉스(Dickinsonia rex)이다.

우리 인류가 '가장 오래된 생명체의 화석'을 발견한 것은 지금으로부터 35억 년 전의 지층에서였다. 하지만 이 화석은 이른바 '현미경'으로 봐야 할 정도로 아주 미세한 크기였다. 생명체들은 이후 미미하나마 30억년 가까운 세월을 거쳐 서서히 진화를 거듭했다. 그리고 에디아카라기 중반 이후인 5억 7,500만 년 전 무렵, 갑자기 거대해졌다. 크기를 육안으로 확인할 수 있게 되었고, 개중에는 수십 cm가 넘는 개체도 출현했다.

다만 디킨소니아를 비롯한 많은 에디아카라기의 생물들은 아직 제대로 정체가 밝혀지지 않고 있다. 디킨소니아의 경우 몸의 중심축을 경계로 좌우의 체절구조가 어긋나 있는 특징이 있다. 오늘날에는 이런 구조의 동물이 존재하지 않는다. 게다가 몸을 이루는 낱낱의 마디인 체절 자체가 튜브 모양인 그야말로 수수께끼 같은 생물이다. 이 생물을 복원할 때 일부를 부풀리거나 아예 부풀리지 않는 경우가 있으니 참고하기 바란다.

카르니오디스쿠스
【Charniodiscus concentricus】

분류	알 수 없음
산출지	영국
전체 길이	40cm

에디아카라기 약 6억 3,500만 년 전~약 5억 4,100만 년 전

에디아카라기의 바다

앞면

  오징어와 함께 뭔가 해조류 비슷한 것이 널려 있다. 오징어들 사이에 있다가 덩달아 잡혀온 것일까? 긴 꼬챙이에 꿰여 있는 모습이… 과연 맛있어 보일런지?

  축 늘어져 있는 이 녀석은 해조류가 아니다. 아니, 동물인지 식물인지조차 알 수 없다. 그저 '랑게오모르프(Rangeomorph)'라 불리는 수수께끼의 생물군으로 분류되어 있을 뿐이다. 지금 오징어 옆에 널려 있는 이것의 이름은 카르니오디스쿠스 콩켄트

리쿠스(Charniodiscus concentricus)이며 대표적인 랑게오모르프다.

  랑게오모르프는 지금까지 에디아카라기에서만 확인되고 있으며, 당시 전 지구의 바다 깊숙한 곳에 널리 분포했던 생물이다. 카르니오디스쿠스 콩켄트리쿠스라는 종 자체가 보고된 곳은 영국뿐이지만 동속이종(同屬異種) 화석은 세계 곳곳에서 발견되고 있다.

  카르니오디스쿠스는 크게 두 부분으로 구성되어

있다. 식물의 잎사귀 모양 부분과 원반 모양 부분이다. 아마 원반 모양의 부분으로 몸을 해저에 고정하고, 잎사귀 모양 부분을 물살에 하늘거리며 살았을 것으로 추정된다.

  카르니오디스쿠스의 크기는 40cm 정도. 어떤 개체는 더 컸을지도 모른다. 디킨소니아처럼 당시로서는 대형 생물이었다.

  랑게오모르프는 말 그대로 정체불명의 생물이었다. 당연히 그 맛 역시 상상이 되지 않는다.

트리브라키디움
【*Tribrachidium heraldicum*】

에디아카라기의 바다

분류	알 수 없음
산출지	호주, 러시아
전체 길이	5cm

에디아카라기   약 6억 3,500만 년 전~약 5억 4,100만 년 전

윗면

옆면

"이거, 드세요."

소녀가 내민 손에는 여러 개의 마카롱에… 낯선 물체 하나가 얹혀 있다. 마카롱보다 훨씬 큰 이 물체는 중심에서 바깥을 향해 산등성이처럼 뻗은 나선형 구조다.

아무렴 어때. 일단 먹어보자. 음…, 먹기엔 아까운데. 좀 더 관찰해 볼까. 나선형 구조는 모두 세 갈래. 삼태극 문양이 물체의 표면을 삼등분하고 있다. 물체 자체는 그다지 단단해 보이지 않는다. 마카롱과 비슷한… 아니, 마카롱보다 더 부드러울지도 모른다. 적어도 조개껍질처럼 단단할 것 같지는 않다.

이 희한한 물체의 이름은 트리브라키디움 헤랄디쿰(*Tribrachidium heraldicum*)이다. 분류가 불가능한 수수께끼의 생물이며 동물인지 식물인지조차 확실하지 않다. 현재까지 보고된 바로는, 선캄브리아 시대 에디아카라기에서만 발견되고 있다.

이 생물을 분류할 수 없는 이유 중 하나는 표면을 삼등분하는 모양 때문이다. 현재 육안으로 확인할 수 있는 크기의 동물 가운데 이런 특징을 지닌 부류는 없다. 척추동물을 비롯한 대부분의 동물은 좌우대칭(좌우상칭)이고, 불가사리 등 극피동물은 몸이 오등분이다(오방사대칭). '삼등분'되는 몸은 대단히 특이한 경우.

맛은 보장할 수 없다. 하지만 혹시 이 생물을 먹게 된다면, 부디 특징을 자세히 관찰한 다음에 드시기를.

오토이아
【Ottoia prolifica】

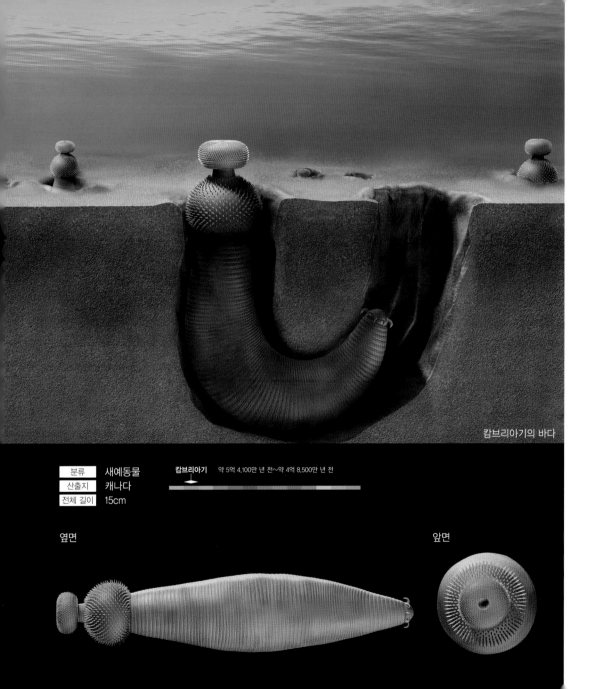

캄브리아기의 바다

분류	새예동물
산출지	캐나다
전체 길이	15cm

캄브리아기 약 5억 4,100만 년 전~약 4억 8,500만 년 전

옆면

앞면

특이한 음식을 좋아하는가? 맥주와 잘 어울린다며 나온 안주 접시에는 식욕을 돋우는 소시지 4개와 그 위에 아주 희한한 요리(?)가 얹혀 있다. 알맞게 구워진 모습을 보니 소시지와 잘 어울릴 것 같다(?). 맥주에도 어울릴지 모른다(?). 하지만 자세히 보면 주둥이 주변에 작은 가시가 잔뜩 나 있다. 아쉽지만 이 부분은 먹을 수 없겠지.

용기 내서 한 번 먹어볼까, 말까? 하지만 이것은 선택을 고민하게 하는 요리가 아니다. 오토이아 프롤리피카(Ottoia prolifica)라는 동물이다. 새예동물이라는 분류군에 속하는 바다 동물이며 솔직히 먹을 수 있는지 없는지는 확실하지 않다. 바싹 구웠을 때 그림처럼 원래의 모습이 유지되는지도 알 수 없다. 아무튼 가시투성이인 주둥이 부분은 먹을 수 없을 것이다.

지금까지 보고된 바에 따르면, 오토이아는 캄브리아기의 캐나다에 서식했다. 발굴된 화석 상태를 보면 알파벳 'U'자 형태가 많아, 해저에 U자형의 굴을 파고 사는 형태로 복원되는 경우가 많다. 해저에 몸을 숨기고 긴 주둥이만 굴 밖으로 내놓은 채 먹이를 사냥한 것으로 보인다.

오토이아 화석은 특히 캐나다의 버제스 셰일층에서 많이 발견된다. 캐나다 이외의 지역에서 발견된 사례는 거의 없으며 미국에서 몇 차례 보고된 적이 있을 뿐이다.

17

아이쉐아이아
【*Aysheaia pedunculata*】

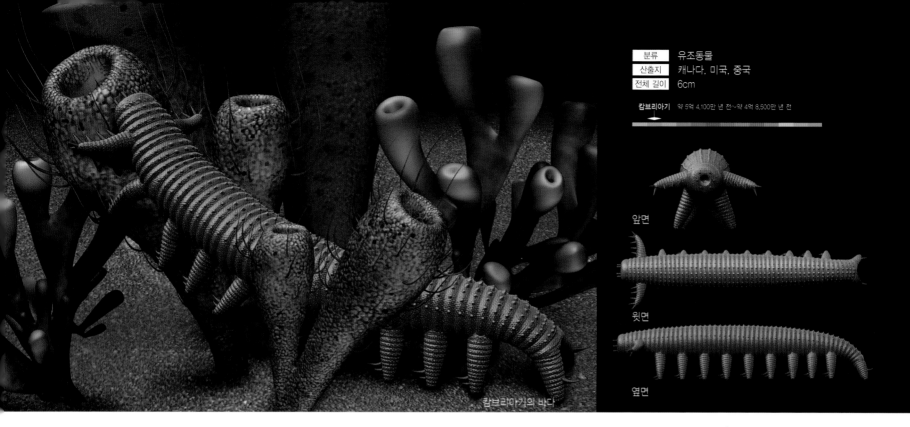

분류	유조동물
산출지	캐나다, 미국, 중국
전체 길이	6cm

캄브리아기 약 5억 4,100만 년 전~약 4억 8,500만 년 전

앞면

윗면

옆면

캄브리아기의 바다

여기, 치약에 흥미를 보이는 동물이 있다. 슬금슬금 파랗고 하얀 줄무늬 치약에 접근 중인 이 동물은 청소기 호스 같은 몸통에 아주 묘하게 생긴 역(逆)원뿔 모양의 다리가 여럿 달려 있다. 어느 쪽이 머리인지 구분하기 어렵고, 치약을 향하고 있는 몸통 끝에 뻐끔 구멍이 나 있다. 이 기묘한 동물의 이름은 아이쉐아이아 페둔쿨라타(Aysheaia pedunculata)이다.

아이쉐아이아는 눈이 없기 때문에 치약의 어떤 '낌새'를 느끼고 자기도 모르게 이끌려가는 중인지 모른다. 이 개체는 아이쉐아이아 중에서도 상당히 큰 편에 속하는데…, 설마 치약을 먹고 덩치가 커진 것은 아니겠지.

아이쉐아이아는 '유조동물'이라는 그룹으로 분류된다. 이 그룹은 몸의 구조가 단순해 '가장 원시적인 동물군'으로 불린다. 눈뿐 아니라 긴 촉각 같은 감각기관도 없다. 역원뿔 모양의 다리(부속지)를 보

면 대단히 빨리 움직일 것 같지는 않다. 몸의 외피도 부드러워 방어에 적합해 보이지 않는다. 발끝에 작은 발톱이 있어 손톱 조(爪)자를 써서 '유조동물'이라 부른다. 현생동물 중에는 발톱벌레가 이 종류에 속한다.

아이쉐아이아의 화석은 해면과 함께 발견되는 경우가 많다. 이 때문에 해면을 주식으로 삼았을 것으로 추정된다.

할루키게니아

【*Hallucigenia sparsa*】

분류	유조동물
산출지	캐나다
전체 길이	3cm

캄브리아기 약 5억 4,100만 년 전~약 4억 8,500만 년 전

앞면

옆면

캄브리아기의 바다

파릇파릇한 나팔꽃 새싹 위에 뭔가 기괴한 생명체 한 마리가 앉아 있다. 할루키게니아 스파르사(*Hallucigenia sparsa*). 캄브리아기 해양 동물 중 하나로 유명한 종이지만 크기는 최대 3cm 정도밖에 되지 않는다.

캄브리아기 바다의 동물은 아노말로카리스 같은 일부를 제외하고는 대개 길이가 10cm 이하였다. 할루키게니아는 그 중에서도 특히 작으며, 이 책에서 소개하는 생물 중에서도 작은 편에 속한다.

무엇보다 할루키게니아가 속한 유조동물이라는 분류군 자체가 그리 큰 종이 확인되지 않는 동물군이다. 현생종에서는 큰 개체라도 15cm 정도이고, 할루키게니아보다도 작아 1cm인 것도 있다.

'*Hallucigenia*'란 '환각을 보는 것 같다'라는 뜻이다. 몸은 작지만 그 이름처럼 연구자들의 애를 태웠다. 처음 보고되었을 때는 위아래가 거꾸로 발표되는 바람에 아주 희한한 동물로 여겨졌다. 이후 지금의 모습으로 수정되었지만 여전히 실제 몸체는 명확하지 않았다. 2015년에서야, 눈과 입이 확인되어 현재의 모습으로 복원되었다.

3cm 정도의 작은 것은 자칫 눈에 띄지 않을 수도 있다. 등에 솟은 가시에 손을 다칠 수도 있으니 조심하기를. 근처에 할루게니아가 있을 것 같으면 주의하기 바란다.

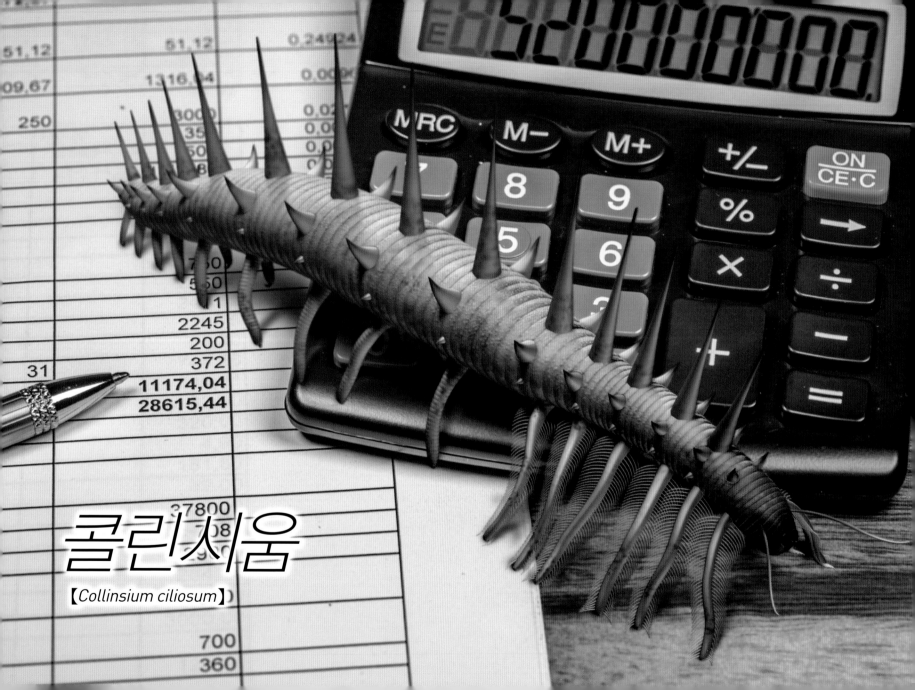

콜린시움

【*Collinsium ciliosum*】

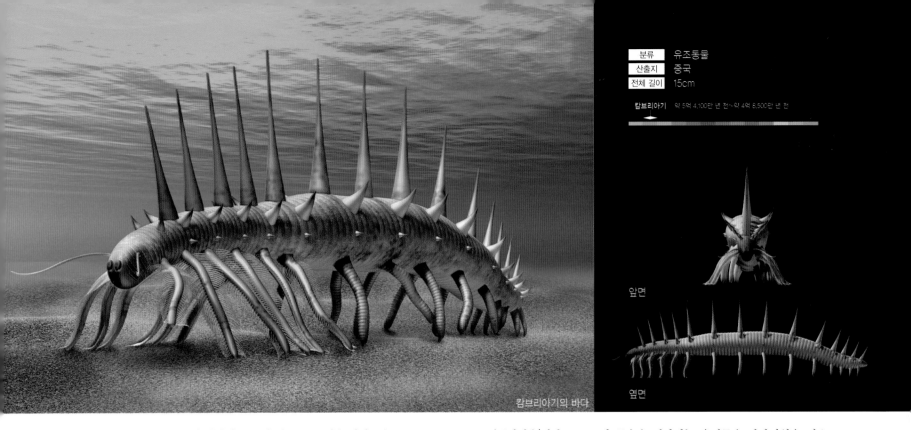

분류	유조동물
산출지	중국
전체 길이	15cm

칸브리아기 약 5억 4,100만 년 전~약 4억 8,500만 년 전

앞면

옆면

캄브리아기의 바다

돈 계산을 하고 있는데… 무척 희한한 동물이 나타났다. 가늘고 긴 몸통에 굵은 가시가 돋친 등. 배쪽에는 가는 다리가 여럿 달렸다. 몇몇 다리에는 가는 털도 있고, 몸통 끝부분에는 눈처럼 생긴 구조도 있다.

징그럽다고 생각하지 마시기를(그 기분은 이해하지만)…. 이 동물은 앞서 소개한 할루키게니아와 같은 유조동물로 분류되며, 할루키게니아와 가까운 친척이기도 하다. 하지만 계통이 다르다. 이름은 콜린시움 킬리오숨(Collinsium ciliosum). '콜린시움'이라는 이름은 발견자인 데스몬드 콜린스를 기리기 위한 것이며, '킬리오숨'은 '털이 많다'는 뜻이다. 리듬감 넘치는 이름에서 명명자의 뛰어난 감각이 돋보인다. 그리고 '콜린스 몬스터'라는 별명으로 불리기도 한다.

지금까지 보고된 바로, 콜린시움은 캄브리아기에 살던 유조동물이다. 털이 없는 다리로 몸을 단단히 고정하고, 가는 털이 난 다리를 위아래로 움직이면서 물속을 떠다니는 유기물을 잡아먹었을 것으로 추정된다.

콜린시움은 전체 길이가 할루키게니아보다 3배 정도 긴 '대형종'이다. 캄브리아기 바다에는 다양한 크기와 모양의 유조동물이 존재했을 것으로 추정된다. 따라서 그들이 얼마나 광범위하게 분포했는지 짐작할 수 있다. 콜린시움의 털북숭이 다리는 생태적으로도 다양한 유조동물이 살고 있었음을 의미한다.

케리그마켈라

【Kerygmachela kierkegaardi】

캄브리아기의 바다

분류	절지동물
산출지	그린란드
전체 길이	8cm

캄브리아기 약 5억 4,100만 년 전~약 4억 8,500만 년 전

윗면

앞면

옆면

부품도 장만하고 펜치도 있으니 자, 이제부터 작업 개시! 어? 이런 도구가 있네. 아니, 아무래도 '도구'는 아닌 것 같다. 분명 옆에 있는 펜치와 모양새가 비슷하지만, 이것은 생물이다. 케리그마켈라 키에르케가아르디(*Kerygmachela kierkegaardi*).

케리그마켈라는 캄브리아기 바다에 서식한 동물로 보고되어 있으며, 이 화석은 그린란드에서 발견되고 있다. 어떤 분류라고 딱 잘라 말할 수 없지만 일부에서는 원시적인 절지동물이라고 추정한다.

펜치를 벌려놓은 듯 머리 부분에 한 쌍의 굵은 촉수가 있고, 꼬리 부분에는 한 쌍의 긴 '가시'가 있다. 특히 한 쌍의 굵은 촉수는 아노말로카리스류(32쪽 참조)의 그것과 비슷하다고도 할 수 있다. 사실, 아노말로카리스류 탄생 계보의 연속선상에 있는 생물이란 지적도 있다. 단, 아노말로카리스류의 촉수에는 명확한 마디가 있는데 반해, 케리그마켈라의 촉수에는 마디가 없었거나 있었다 하더라도 명확하게 구분될 정도는 아닌 것 같다. 몸의 구성에 관해서는, 28쪽에서 소개할 오파비니아와의 연관성이 언급되고 있다.

아무튼, 케리그마켈라는 펜치를 대신할 수 없고, 무엇보다 몸체가 단단하지 않았던 것 같다. 빨리 근처에 있는 아무 어항에라도 넣어주는 게 좋지 않을까.

디아니아

【*Diania cactiformis*】

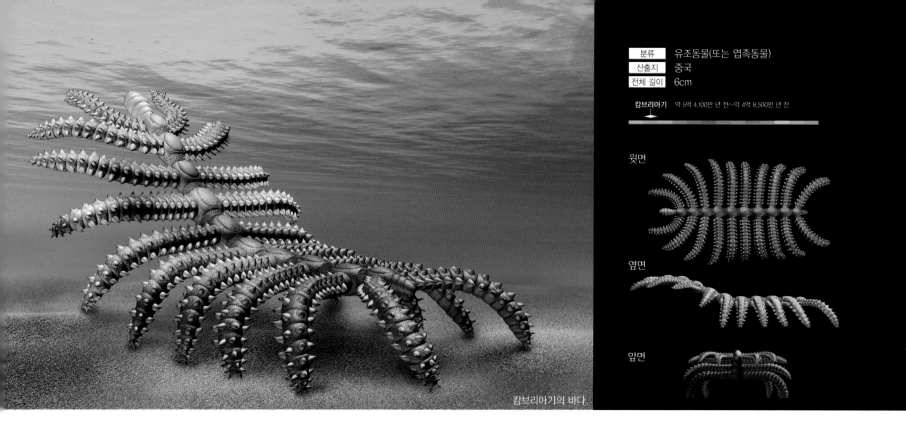

분류	유조동물(또는 엽족동물)
산출지	중국
전체 길이	6cm

▶ 캄브리아기   약 5억 4,100만 년 전~약 4억 8,500만 년 전

윗면

옆면

앞면

캄브리아기의 바다

이른 아침 시장 골목을 걷고 있는데 우둘투둘한 두리안 위에서, 마찬가지로 우둘투둘한 몸체의 동물이 돌아다닌다. 얼굴을 가까이 대니 녀석은 "야!"라고 호령하듯 상체를 벌떡 일으킨다.

두리안에 붙어있는 이 생물의 이름은 디아니아 칵티포르미스(Diania cactiformis). '걸어 다니는 선인장'이라는 뜻이다.

지렁이처럼 꿈틀거리는 몸에는 총 10쌍의 다리가 있다. 그런데 다리가 독특하다. 여러 개의 마디가 있

고 그 마디가 온통 가는 가시로 덮여 있다. 그렇다, 마치 두리안 껍질처럼 우둘투둘하고 따끔따끔할 것 같다. 가시로 덮인 다리들 가운데 앞에서 네 번째까지는 무언가를 잡는데, 5번째부터는 오로지 걷는데 사용한 것으로 추정된다. 얼마나 요상한 모습인가.

디아니아는 진화의 역사에서 중요하게 여겨지는 종이다. 독특한 다리 구조는 절지동물과 동일한 것으로 밝혀진 바 있다.

한편 몸통은 아무리 봐도 절지동물처럼 보이지

않는다. 이런 특징으로 봤을 때, 디아니아는 절지동물이 탄생하기 '직전의 특징'을 갖고 있는 게 아닐까 추정된다.

현재 지구상에 널리 분포하는 절지동물의 다리와 몸통은 모두 외피가 단단하다. 하지만 디아니아는 다리가 단단하고 마디도 있지만 몸통은 단단하지 않다. 그래서 절지동물이 탄생하는 과정에서 '우선 다리부터 단단해지는' 변화가 있었던 것으로 추정된다.

오파비니아

【Opabinia regalis】

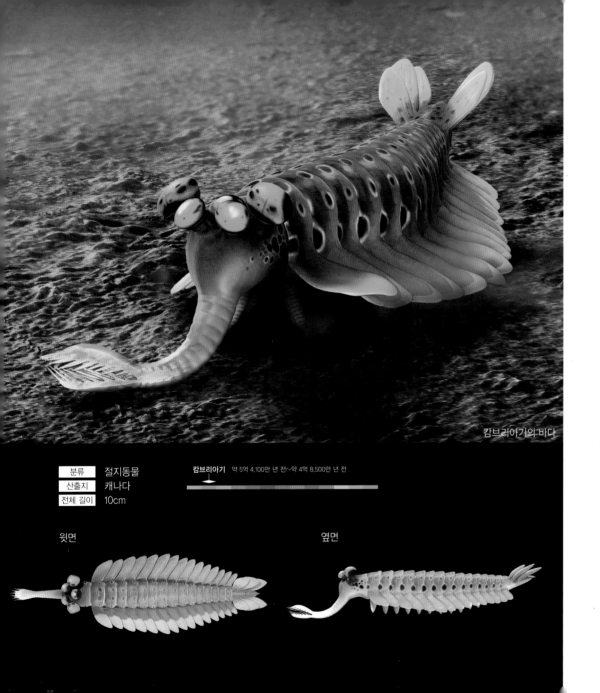

캄브리아기의 바다

분류	절지동물
산출지	캐나다
전체 길이	10cm

캄브리아기 약 5억 4,100만 년 전~약 4억 8,500만 년 전

윗면

옆면

가지의 꼭지를 잡으려는데 바로 옆에 처음 보는 동물이 자리를 잡고 있다. 이 동물의 이름은 오파비니아 레갈리스(*Opabinia regalis*). 다섯 개의 눈을 가진 원시 절지동물이다. 주둥이 부분은 가지의 꼭지처럼 돌출되어 있지만, 가지 꼭지와는 달리 쉽게 똑 떼어낼 수는 없다. 오파비니아의 주둥이는 낭창낭창하고 끝에는 작은 가시들이 있어 주의해야 한다. 별생각 없이 만지려 했다가는 물릴지도 모른다.

긴 주둥이 외에 다섯 개의 눈이 달린 것도 오파비니아의 특징이다. 다음 페이지에서 소개할 아노말로카리스와 더불어 캄브리아기의 캐나다를 대표하는 동물이다. 상당히 희귀한 종이라서 계통 말고는 온통 베일에 싸여 있다.

오파비니아는 전체 길이가 약 10cm 정도로 가지의 절반 정도 크기다. 어른 손 위에 올려놓았을 때 돌출된 입이 손바닥을 벗어날까 말까 할 정도로 보면 된다. 캄브리아기의 동물로서는 거의 표준에 가까운 크기다. 정확히 말하면 약간 큰 편이라고 할 수 있다.

지금까지 보고된 바에 따르면, 오파비니아는 바다를 유영하는 사냥꾼이었던 것으로 추정된다. 가시가 있는 주둥이 구조도 그렇고 나름 무시무시한 육식 동물이었을 것으로 보이는데, 아마 단단하지 않은 먹잇감을 사냥했을 것 같다. 참고로, '주둥이'라고 불렀지만 돌출된 부분은 입이 아니다. 입은 배쪽에 있다.

분류 | 절지동물, 아노말로카리스류
산출지 | 캐나다
전체 길이 | 1m

캄브리아기 약 5억 4,100만 년 전~약 4억 8,500만 년 전

옆면

아랫면

아노말로카리스
【*Anomalocaris canadensis*】

캄브리아기의 바다

"자, 자, 여기 보고 가세요. 오늘은 아노말로카리스가 들어왔어요. 탱탱한 더듬이는 구워 먹으면 맛있고, 몸통은 회를 떠서 식초에 절이면 꼬들꼬들하며, 간은 술안주로 최고지요. 자, 싸게 드려요!"

이런 생동감 넘치는 소리가 들리는 듯하다. 캄브리아기를 대표하는 해양 동물 중 하나인 아노말로카리스는 여러 종이 있다. 그 중에서 가장 지명도가 높은 종은 캐나다의 버제스 셰일층에서 화석이 발견된 아노말로카리스 카나덴시스(*Anomalocaris*

canadensis)이다. 크기가 최대 1m로 알려져 있으나, 대부분은 그 크기에 미치지 못한다. 그래도 수십cm 정도는 된다. 수십cm, 그리고 최대 1m라는 크기는 현대의 해양 동물에 비해 결코 크다고 할 수는 없다. 생선가게 진열대에 놓인 생선들과 별반 다르지 않은 정도랄까.

하지만 아노말로카리스가 살았던 캄브리아기의 바다에서는 사정이 다르다. 캄브리아기 대부분의 동물의 크기는 10cm가 채 안되었다. 다시 말해, 아노

말로카리스는 당시의 생태계에서 돋보일 만큼 거대했던 동물이다.

그런데 아노말로카리스는 어째서 거대한 몸을 갖게 된 것일까? 그 이유는 아직 알려지지 않았지만, 거대한 몸을 근거로 아노말로카리스가 '캄브리아기 먹이사슬의 우두머리'였을 것이라고 추론하는 학자들이 많다. 하지만 입으로 단단한 조직을 깨뜨릴 수 없었던 점 등을 들어 달리 말하는 연구자들도 있다.

자연산 도미
한 마리
30,000원

활농어
11,000

서비스
대자 고등어
5,000원

활농어
6,000

고등어
한 마리
4,000원

예약 완료

아노말로카리스
시가

아노말로카리스류
【Anomalocaridids】

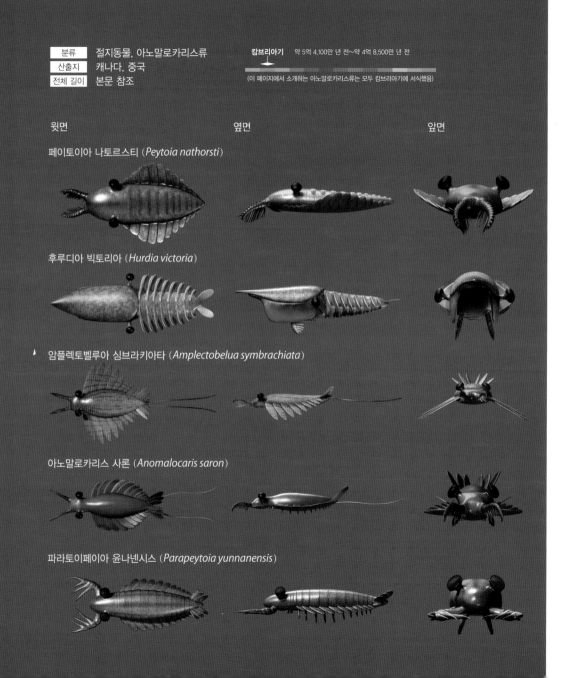

분류	절지동물, 아노말로카리스류
산출지	캐나다, 중국
전체 길이	본문 참조

캄브리아기 약 5억 4,100만 년 전~약 4억 8,500만 년 전

(이 페이지에서 소개하는 아노말로카리스류는 모두 캄브리아기에 서식했음)

윗면	옆면	앞면

페이토이아 나토르스티 (*Peytoia nathorsti*)

후루디아 빅토리아 (*Hurdia victoria*)

암플렉토벨루아 심브라키아타 (*Amplectobelua symbrachiata*)

아노말로카리스 사론 (*Anomalocaris saron*)

파라토이페이아 윤나넨시스 (*Parapeytoia yunnanensis*)

"언니, 물건 볼 줄 아네. 맞아 맞아, 오늘은 특별히 캐나다랑 중국에서 아노말로카리스가 종류별로 다 들어왔어. 응? 그거? 매번 고마워요. 야아, 언니 박사구나. 그걸 고르다니. 응, 그래그래, 싸게 줄게."

오늘 생선 가게는 풍성하다. 모두 6종류의 아노말로카리스가 나란히 진열되어 있다. '캐나다산 아노말로카리스류-시가'라는 가격표 밑에는 1m 정도 되는 아노말로카리스 카나덴시스(*Anomalocaris Canadensis*), 그 오른쪽 위에는 페이토이아 나토르스티(*Peytoia nathorsti*: '라가니아'라고도 한다), 왼쪽 아래에는 후루디아 빅토리아(*Hurdia victoria*)가 있다. 왼쪽 상자에는 오른쪽부터 암플렉토벨루아 심브라키아타(*Amplectobelua symbrachiata*), 아노말로카리스 사론(*Anomalocaris saron*) 그리고 파라토이페이아 윤나넨시스(*Parapeytoia yunnanensis*)가 떡하니 자리하고 있다. 오른쪽 상자에 있는 3종류가 캐나다산, 왼쪽 상자에 있는 3종류가 중국산이다. 둘 다 먹고 맛을 비교해 보고 싶다.

지금까지 보고된 바로는, 중국의 아노말로카리스류가 캐나다보다 1,000만 년 이상이나 더 빨리 출현했다고 한다. 이 밖에 미국이나 호주에서도 화석이 발견되어 당시 세계 각지의 바다에서 크게 번성했을 것으로 추정되고 있다.

다음 페이지를 보자. 아노말로카리스류와 새로 등장하는 종들을 같은 비율로 축소해서 배열해 보았다. 비교하는 재미를 느껴보시기를.

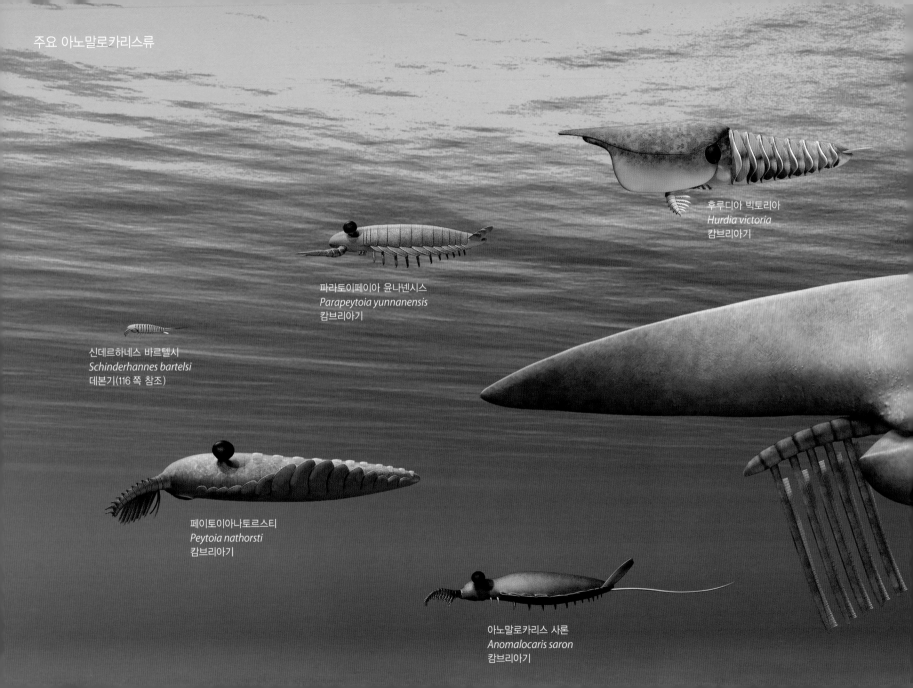

주요 아노말로카리스류

후루디아 빅토리아
Hurdia victoria
캄브리아기

파라토이페이아 윤나넨시스
Parapeytoia yunnanensis
캄브리아기

신데르하네스 바르텔시
Schinderhannes bartelsi
데본기(116 쪽 참조)

페이토이아 나토르스티
Peytoia nathorsti
캄브리아기

아노말로카리스 사론
Anomalocaris saron
캄브리아기

아노말로카리스 카나덴시스
Anomalocaris canadensis
캄브리아기(30 쪽 참조)

아이기로카시스 벤모울라이
Aegirocassis benmoulai
오르도비스기(64 쪽 참조)

암플렉토벨루아 심브라키아타
Amplectobelua symbrachiata
캄브리아기

마렐라

【Marrella splendens】

캄브리아기의 바다

분류	절지동물, 마렐로모르프(Marrellomorph)류
산출지	캐나다
전체 길이	2.5cm

캄브리아기 약 5억 4,100만 년 전~약 4억 8,500만 년 전

윗면

앞면

옆면

요즘은 다들 음원파일을 다운로드하니까 CD를 살 기회가 거의 없지. 반짝반짝 빛나는 이 디스크가 언젠가는 귀해질지도 몰라. …이런 생각을 하며 디스크로 다가오는 수상한 동물이 있다. 녀석은 별로 날쌔 보이지는 않고 등에 2쌍, 4개의 뿔 모양 구조가 있다. 4개의 뿔 가운데 바깥으로 뻗은 2개는 마치 CD의 뒷면처럼 반짝인다.

이 동물의 정체는 마렐라 스플렌데스(*Marrella splendens*). 마렐로모르프류라고 하는 멸종된 절지동물군의 대표종이며, 고생대 캄브리아기의 캐나다 바다에 널리 분포했다.

일반적으로 고생물의 색은 화석에는 잘 나타나지 않는다. 일부 생물은 색이 남거나 색을 만드는 기관이 남아있기도 하지만 어디까지나 예외다. 물론 일곱 가지 색소가 남아있는 표본은 지금까지 확인된 바 없다.

그렇다면 지금, CD로 접근 중인 마렐라의 뿔이 무지개 색으로 빛나는 것은 완전히 상상의 산물일까? 그렇지 않다. 사실, 마렐라의 뿔이 반짝였다는 과학적인 증거가 있다.

원래 CD의 뒷면이 일곱 빛깔로 빛나는 이유는 거기에 아주 작은 골이 있어 빛의 난반사를 일으키기 때문이다. CD의 뒷면이 일곱 빛깔로 칠해져 있어서가 아니다. 마렐라의 뿔에서도 이와 같은 아주 미세한 골이 확인되었다. 그래서 마렐라의 뿔도 일곱 빛깔로 빛났으리라 추정하는 것이다.

37

올레노이데스

【Olenoides serratus】

분류	절지동물, 삼엽충류
산출지	캐나다
전체 길이	9cm

캄브리아기 약 5억 4,100만 년 전~약 4억 8,500만 년 전

앞면

옆면

캄브리아기의 바다

반려동물을 키우는 사람이라면 핸드폰으로 동물의 사진이나 동영상을 찍어 반려동물 자신에게 보여주고, 그 반응을 흐뭇하게 지켜본 경험이 한 번은 있지 않을까. 물론 그 반려동물이 삼엽충이라도 말이다. 뭐 안 될 것도 없을 것 같아 사진을 찍어보았다. 혹시 삼엽충의 겹눈이 핸드폰 화면을 확인할 수 있는지 어떤지는 모르겠지만.

그림 속의 삼엽충은 올레노이데스 세라투스(Olenoides serratus)이다. 아노말로카리스 카나덴시스의 화석 산지로 유명한 캐나다의 버제스 셰일층에서 가장 유명한 삼엽충이다. 올레노이데스라는 속명(屬名)을 갖는 종은 여럿 있다. 예들 들어, 오른쪽 페이지의 스마트폰에 나오는 종은 올레노이데스 네바덴시스(Olenoides nevadensis)라는 이름의 미국산 삼엽충이다.

올레노이데스 세라투스는 몸길이가 6~9cm 정도이다. 삼엽충에는 1만 종이 넘는 속이 있고, 전체 길이는 몇mm~70cm까지 그야말로 다양하다. 다만 대부분은 10cm 미만이라서 올레노이데스 세라투스는 크지도, 작지도 않은 편이다.

삼엽충류는 고생대 캄브리아기부터 페름기까지 무려 3억 년 가까이 명맥을 유지한 해양 무척추동물이었다.

페아켈라

【*Peachella iddingsi*】

분류	절지동물, 삼엽충류
산출지	미국
전체 길이	3cm

캄브리아기 약 5억 4,100만 년 전~약 4억 8,500만 년 전

윗면

옆면

앞면

캄브리아기의 바다

오늘은 어떤 음악을 틀어놓고 작업을 할까 생각하며 키보드 옆 헤드폰으로 손을 뻗는데… 이게 뭐지! 머리 양쪽이 불룩하게 부풀어 있는 이 녀석, 헤드폰을 쓰고 있는 것 같잖아? 녀석도 헤드폰이 친근한 걸까? 아니면 음악이 듣고 싶은 걸까?

녀석의 이름은 페아켈라 이딩시(Peachella iddingsi). 미국 삼엽충이다. 만약 당신이 이 광경을 목격했다면 무슨 일이 있어도, 우선 이 삼엽충부터 확보

하기 바란다. 이 페아켈라라는 삼엽충은 희귀종으로 이렇게 완전체의 형태로 볼 기회가 거의 없다. …뭐 살아 있는 삼엽충을 본다면 그게 페아켈라든 아니든 당장 손에 넣어야겠지만.

지금까지 보고된 바에 따르면, 페아켈라는 캄브리아기에서만 확인되는 삼엽충이다. 몸길이 3cm는 당시로서는 지극히 평범한 크기였다. 가슴 부분의 양옆으로 뻗은 날카롭고 긴 가시 역시 캄브리아기

의 삼엽충으로서는 결코 별난 특징이 아니었다. 외피와 수직을 이루는 가시가 없는 것도 특이한 게 아니다.

특이한 부분은 역시 머리다. 머리 양옆이 불룩하게 부풀어 있는 구조의 삼엽충은 캄브리아기뿐 아니라 다른 시대에서도 거의 확인되지 않고 있다. 이 구조가 대체 어떤 역할을 했는지는 아직도 수수께끼다.

41

캄브로파키코페

【*Cambropachycope clarksoni*】

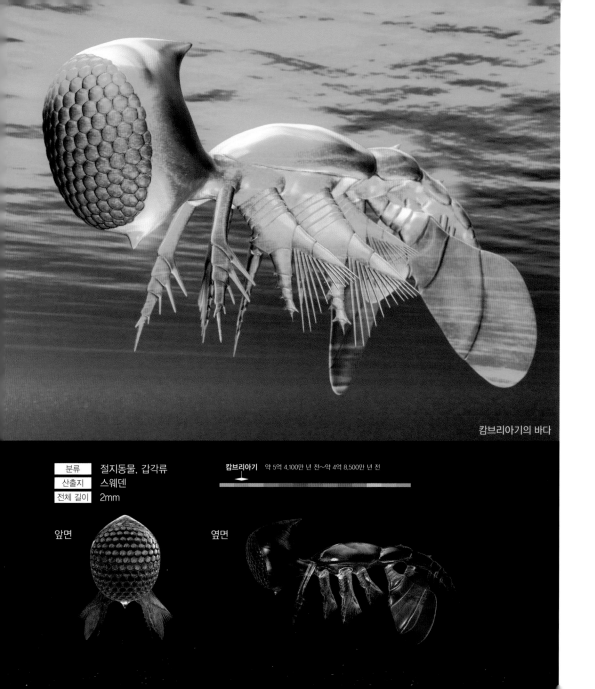

캄브리아기의 바다

분류	절지동물, 갑각류
산출지	스웨덴
전체 길이	2mm

캄브리아기 약 5억 4,100만 년 전~약 4억 8,500만 년 전

앞면

옆면

캄브로파키코페 클락소니(*Cambropachycope cl-arksoni*)는 캄브리아기의 갑각류(새우, 게의 친척)이다. 가장 큰 특징은 커다란 머리의 맨 앞부분이 거대한 겹눈으로 되어 있다는 점이다. 캄브로파키코페에서 이 밖에 다른 눈은 찾아볼 수 없는데, 이는 단 하나의 겹눈만으로 외부 세계를 파악했음을 의미한다.

인상적인 외모 때문에 자칫 깜박하기 쉬운데, 캄브로파키코페는 몸의 길이가 2mm 정도밖에 되지 않는 아주 작은 동물이다. 볼펜 촉에 올라앉을 수 있을 정도로 작아 육안으로 세부를 관찰하기는 어렵다. 물론 가까이서 재채기를 해도 안 된다. 그만큼 작다는 말이다. 한번 놓치면 다시는 찾지 못할 가능성이 크다. 만질 때도 조심해야 한다. 터져버릴지도 모르니까. 아무튼 세심한 주의가 필요할 듯싶다.

만약 당신의 책상 위에서 캄브로파키코페가 놀고 있는 모습을 발견한다면, 머리카락을 한 올 뽑아 끝에 물을 묻힌 다음 붙여서 조심조심 들어올리기 바란다. 그리고 바로 물에 넣어주면 좋을 것 같다.

물론 이렇게 작은 동물의 화석을 야외에서 발견할 수는 없다. 암석을 통째로 들고 실험실로 돌아와 물리적 파괴와 화학 처리를 반복하며 분쇄해야 한다. 이렇게 해서 얻은 작은 조각을 현미경으로 들여다보아야 비로소 찾을 수 있다.

위왁시아

【*Wiwaxia corrugata*】

분류	연체동물
산출지	캐나다
전체 길이	5.5cm

캄브리아기 약 5억 4,100만 년 전～약 4억 8,500만 년 전

윗면

옆면

앞면

캄브리아기의 바다

따끈따끈한 만두를 먹을 때는 절대 한눈을 팔아서 안 된다. 왜냐하면 마치 칼처럼 생긴 구조물이 좌우로 10개도 넘게 달린 위왁시아 코루가타(*Wiwaxia corrugata*)가 숨어 있을지 모르기 때문이다. 이 칼처럼 생긴 구조물만 없다면 분명 위왁시아는 만두처럼 생겼다고 할 수 있을 것 같다. 다만 위왁시아는 표면이 작은 '비늘'로 덮여 있다. 설사, 칼처럼 생긴 구조물이 없다 해도 이런 생물을 제대로 확인도 하지 않고 통째로 입에 넣는 건 그다지 권하고 싶

지 않다.

모습은 비록 그렇지만 위왁시아는 연체동물로 분류된다. 즉, 문어나 오징어, 바지락 등과 같은 부류인 것이다. 비늘만 벗겨내면 오징어와 조개가 듬뿍 들어간 해물만두 같은 맛이 날지 모른다.

그건 그렇고… 참 화려한 녀석이다. 칼처럼 생긴 구조물과 온몸을 덮는 비늘이 무지갯빛으로 반짝인다. 손바닥에 올려놓으니 비늘과 '칼'이 각도에 따라 다른 빛을 띠는 걸 알 수 있다. 이는 무지갯빛

물감으로 칠을 해놓아서가 아니다. CD나 DVD처럼 녀석의 표면에도 미세한 요철이 있어 난반사를 하고 있는 것이다. 36쪽에서 소개한 마렐라와 같이 '구조에서 나오는 색'이다. 위왁시아의 구조색은 온몸을 덮고 있다.

물론 위왁시아는 멸종되었다. 현실 세계에서는 만두 접시에 숨어들 가능성이 없으니 안심하고 드시기를.

할키에리아

【Halkieria evangelista】

분류	연체동물
산출지	그린란드, 중국, 러시아 외
전체 길이	8cm

캄브리아기 약 5억 4,100만 년 전~약 4억 8,500만 년 전

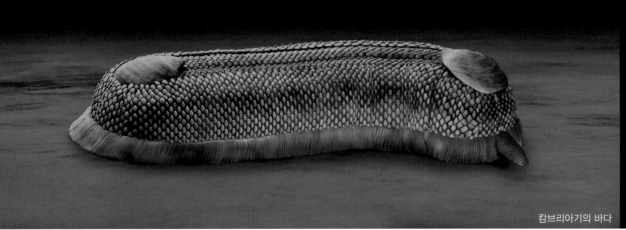

캄브리아기의 바다

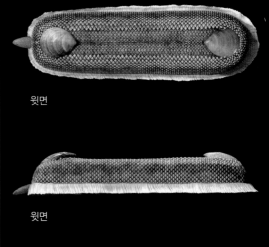

윗면

윗면

　칠판지우개 옆을 보니, 웬 직사각형의 동물이 꿈틀거리고 있다. 바닥면이 대걸레처럼 생겨 분필 가루를 털어내듯 기어 다니는 이 동물은 등이 조개껍데기 같은 두 개의 구조로 되어 있다. 이름은 할키에리아 에반겔리스타(Halkieria evangelista).

　할키에리아는 캄브리아기의 그린란드를 대표하는 동물이다. 바다 부분을 제외한 온몸에 작은 비늘이 덮여 있고, 등 양쪽 끝은 조개껍데기 형태의 구조로 되어 있다. 단, 좌우대칭인 점이 '조개껍데기'와

는 다르다. 된장국에 넣는 바지락 같은 조개의 껍데기는 좌우가 비대칭이므로 할키에리아와는 다르다(할키에리아의 껍데기 크기가 된장국 재료로 안성맞춤이기는 하다). 이처럼 껍데기가 좌우대칭인 동물은 '완족동물'이라는 이름으로 분류된다.

　할키에리아가 완족동물과 비슷한 껍데기를 지녔다고 해서 완족동물로 분류되지는 않는다. 분명 예전에는 '할키에리아의 몸이 줄어들어 껍데기만 합체된 형태로 남아 완족동물로 탄생했다'는 주장이

나온 바 있다. 하지만 지금은 할키에리아가 44쪽에서 소개한 위왁시아처럼 연체동물이라는 견해가 유력하다. 조개껍데기의 구조가 어떤 역할을 했는지는 불분명하다.

　할키에리아 몸의 표면을 구성하는 작은 비늘은 아마 죽은 후에 뿔뿔이 흩어졌을 것으로 유추되고 있다. 비늘 한 장짜리 화석이 발견된 예도 있는데, 무척이나 작은 비늘이었다.

넉토카리스

【*Nectocaris pteryx*】

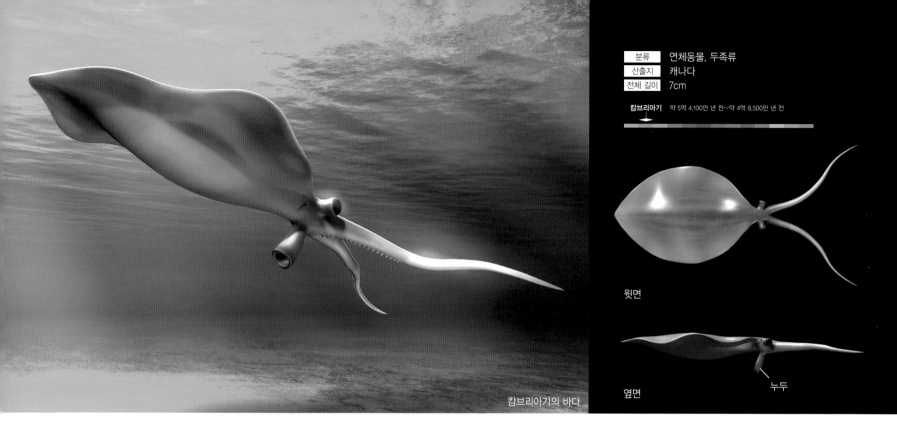

분류	연체동물, 두족류
산출지	캐나다
전체 길이	7cm

캄브리아기 약 5억 4,100만 년 전~약 4억 8,500만 년 전

윗면

옆면

누두

캄브리아기의 바다

"오래 기다리셨습니다!"

주방장이 내민 접시 위에는 오징어 초밥이 3개… 응? 오징어?

너무 자연스러워 깜박 속을 뺄했다. 독자 여러분은 눈치채셨는지? 가운데 초밥, 뭔가 묘하다.

역시, 생김새며 질감이며 밥과의 궁합이며, 누가 봐도 오징어다. 하지만 자세히 보면 다리가 두 개뿐. 오징어라면 긴 다리(촉완)를 포함해 10개여야 하는데. 가운데 초밥에 얹은 것은 촉완 이외의 다리를 모두 잃었나…? 딱히 그렇다고 할 수도 없는 것 같다.

그리고… 응? 오징어 눈이 이렇게 튀어나와 있었나?

먹기 전에 자기도 모르게 이리저리 관찰하게 될 것만 같은 이 녀석은, 물론 오징어가 아니다. 이름은 넥토카리스 프테릭스(*Nectocaris pteryx*). 오징어는 아니지만 오징어나 문어와 같은 두족류로 분류되는 동물이다. 두 개의 다리 외에 커다란 누두(漏斗: 낙지나 문어 따위가 물이나 먹 따위를 내뿜는 깔때기 모양의 관-옮긴이)가 있는 점도 오징어와 같다. 이 누두를 통해 물을 내뿜으며 헤엄치는 자세를 제어했던 것 같다.

지금까지 보고된 바에 따르면, 넥토카리스는 고생대 캄브리아기의 캐나다 바다에서 서식했다. 생명의 역사에서 가장 초기 두족류 중 하나다. 두족류에는 암모나이트처럼 '껍데기가 있는 종류'도 포함된다. 두족류의 진화에 관해서는 '껍데기가 있는 종류'와 '껍데기가 없는 종류' 중 어느 것이 먼저 출현했느냐를 놓고 의견이 갈리지만 넥토카리스로 인해 후자의 목소리가 조금 더 강한 상황이다.

피카이아

【*Pikaia gracilens*】

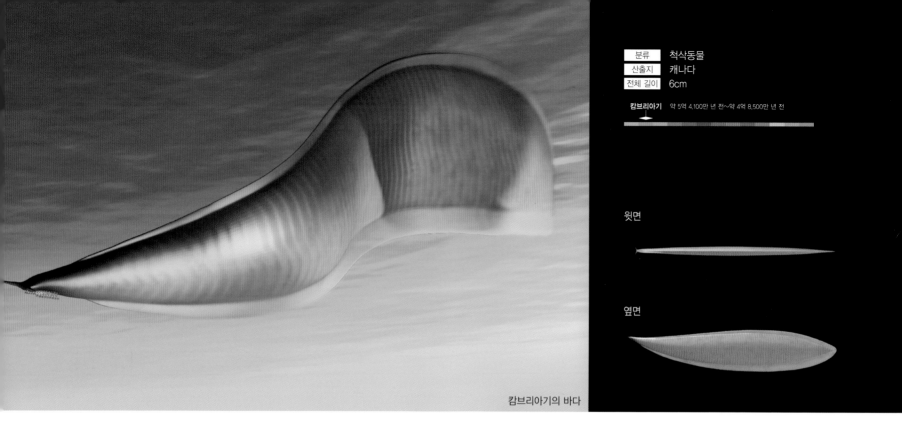

분류	척삭동물
산출지	캐나다
전체 길이	6cm

캄브리아기 약 5억 4,100만 년 전~약 4억 8,500만 년 전

윗면

옆면

캄브리아기의 바다

야시장 하면 금붕어 건지기가 떠오른다. 하지만 올해 금붕어 건지기는 조금 색달랐다. 뭔가 팔딱팔딱 뛰는 '생선 같은 것'을 건진 것이다. 생선하고 다른 점은 대가리 부분이 없다는 것. 아마 눈도 없을 것이다.

징그러워하지는 마시기를. 지금 당신이 건져올린 이 동물은 20세기 미국을 대표하는 고생물학자 중 하나인 스티븐 J 굴드가 '각별히' 소중하게 여긴 피카이아 그라킬렌스(Pikaia gracilens)이다. 굴드는 척삭동물로 분류되는 길이 6cm 정도인 이 동물이 인류로 이어지는 진화의 '시작점'에 가까운 곳에 있다고 생각했다. 그리고 저서 《원더풀 라이프》에서 피카이아를 '가장 오래된 우리의 직접 선조'로 소개했다.

굴드가 《원더풀 라이프》를 저술한 1980년대, 우리가 알고 있는 한 피카이아는 분명 캄브리아기의 유일한 척삭동물이었다. '척삭동물이 척추동물의 원시적인 존재라고 생각하면, 척추동물로 이어지는 가장 오래된 존재가 피카이아'라는 견해가 당시로서는 틀린 게 아니었다.

하지만 20세기말부터 금세기에 걸쳐 다음 페이지에서 소개할 밀로쿤밍기아 같은 물고기의 친척(척추동물 무악류)이 잇따라 보고되었다. 따라서 피카이아는 '척추동물로 이어지는 가장 오래된 존재'라는 왕좌를 빼앗기게 된다.

밀로쿤밍기아

【*Myllokunmingia fengjiao*】

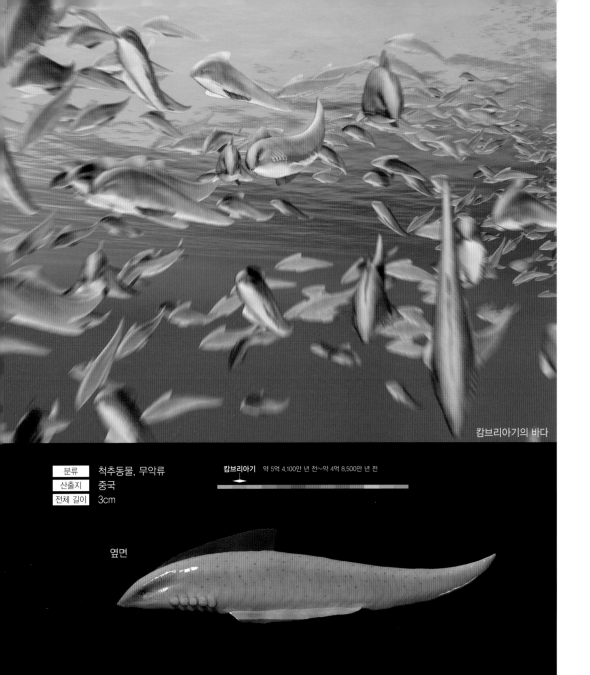

캄브리아기의 바다

분류	척추동물, 무악류
산출지	중국
전체 길이	3cm

캄브리아기 약 5억 4,100만 년 전~약 4억 8,500만 년 전

옆면

고양이의 시선 저편의 어항 안에는 금붕어가 아닌, 뭔가 다른 작은 물고기가 헤엄치고 있다. 무리를 이루며 움직이는 이 물고기의 이름은 밀로쿤밍기아 펭이아오(*Myllokunmingia fengjiao*)다. 사람의 엄지 정도 크기에 불과하며 턱이 없는 물고기다.

지금까지 밝혀진 바에 의하면, 밀로쿤밍기아는 기념비적인 존재다. 무엇보다 그 화석이 지금으로부터 5억 1,500만 년 전의 지층에서 발견되었다. '5억 1,500만 년 전'이라는 숫자는 바꿔 말하면, 우리가 알고 있는 한 이 화석이 가장 오래된 척추동물의 것임을 의미한다. 밀로쿤밍기아는 '역사상 가장 오래된 물고기'인 셈이다.

밀로쿤밍기아는 전체 길이가 2~3cm다. 현생의 송사리보다도 조금 작다. 등지느러미, 눈, 아가미 등이 있는 한편, 턱이 없다는 점에서 오늘날 존재하는 '보통 물고기들의 친척'과는 엄연히 다르다. '턱이 없다'는 것은 어느 정도 단단한 동물을 먹을 수 없다는 의미이며, 크기가 2~3cm였던 점으로 미루어 밀로쿤밍기아는 해양생태계의 '약자'였을 것으로 추정되고 있다. 소위 말하는 생태 피라미드의 바닥 층 가까이에 위치했던 것이다. 왼쪽 페이지의 일러스트에서 밀로쿤밍기아는 어항 안에서 무리를 이루고 있다. 그런데 이 광경은 완전히 상상만으로 그린 게 아니다. 실제로 지름이 2m인 공간에 밀로쿤밍기아와 유사한 근연종 100개체 이상의 화석이 밀집해 있는 예가 보고된 바 있다. 약자 나름의 생존법으로 '무리'를 이루며 살았던 건지도 모르겠다.

메타스프리기나

【Metaspriggina walcotti】

캄브리아기의 바다

분류	척추동물? 무악류?
산출지	캐나다
전체 길이	7cm

캄브리아기 약 5억 4,100만 년 전~약 4억 8,500만 년 전

윗면

옆면

검은 고양이가 어항을 노리고 있다. 그리고 어항 안에는 과감하게도 그 고양이를 노려보고 있는 용맹한 녀석이 있다. 반투명한 몸, 길이는 7cm 정도. 몸에 비해 큰 눈이 특징인 이 용사의 이름은 메타스프리기나 왈코티(Metaspriggina walcotti). 자세히 보면 한 쌍의 눈은 정수리 위로 툭 튀어나와 있다. 그리고 시선 방향은 대부분의 물고기처럼 옆을 보고 있는 게 아니라 위를 향하고 있다.

메타스프리기나는 과거 피카이아(50쪽 참조)와 같은 척삭동물로 분류되었었다. 하지만 최근 다시 연구가 진행되면서 근육의 마디(근절), 아가미 기관, 콧구멍, 두 개의 눈 등이 확인되었다. 이후, 메타스프리기나는 피카이아 같은 척삭동물이라기보다는 밀로쿤밍기아(52쪽 참조) 같은 무악류로 분류해야한다는 의견이 나오고 있다.

지금까지 보고된 바로는, 메타스프리기나는 밀로쿤밍기아와 같은 캄브리아기에 살았다. 메타스프리기나가 무악류라면 밀로쿤밍기아와 어깨를 나란히하는 '초기의 물고기'라 할 수 있을지 모른다. 단, '같은 캄브리아기'이지만 밀로쿤밍기아가 메타스프리기나보다 1,000만 년 정도 더 빨리 출현했다. 같은 초기라도 '기(期)'가 의미하는 '시간의 너비'는 우리가 감히 상상하지 못할 정도로 엄청나다.

아, 안 돼! 먹으면 안 돼! 이제 고양이를 말려야 할 것 같다. 가장 오래된 물고기는 아니지만 귀중한 물고기임에는 틀림없으니 말이다.

베툴리콜라

【*Vetulicola cuneata*】

분류	고충동물?
산출지	중국
전체 길이	9cm

캄브리아기 약 5억 4,100만 년 전~약 4억 8,500만 년 전

윗면

옆면

앞면

캄브리아기의 바다

책상 위에 묘한 동물이 있다.

"이게 뭐지?" 궁금증이 생기는 것도 당연하다. 이 동물은 부위가 크게 둘로 나뉘어 있다. 앞쪽은 뭔가 정체를 알 수 없는 껍데기 같은 게 맞물려 있다. 뒤쪽은 왠지 '새우 비슷한 느낌'이 나는 것 같다.

곰곰이 생각할수록 희한한 구조다. 특히 앞쪽이 그렇다. 껍데기 같은 구조가 위아래로 맞물려 있으며 다리는 보이지 않는다. 게다가 이 동물의 앞쪽은 수평방향으로 베인 것처럼 틈이 있다. 이 틈은 뭘까? 혹시 스테이플러처럼 위아래로 열릴까? 전혀 알 수가 없다.

아무튼, 이 희한한 동물은 베툴리콜라 쿠네아타(*Vetulicola cuneata*)라고 한다. 이렇게 학명이 있기는 하지만 사실 분류가 애매하다. 어떤 연구자는 다른 동물과 상당히 다르다는 점에 착안해 '고충동물(古蟲動物)'이라는 분류군을 만들었다. 그리고 몇몇 유사한 구조를 갖는 동물과 함께 그 분류군으로 묶었다.

베툴리콜라는 아직 눈은 확인되지 않았고, 다리도 확인되지 않았다. 대체 이 녀석은 어떤 동물이었을까? 만일 당신의 책상 위로 찾아온다면 반드시, 그리고 찬찬히 관찰해보기 바란다.

시다준

【*Xidazoon stephanus*】

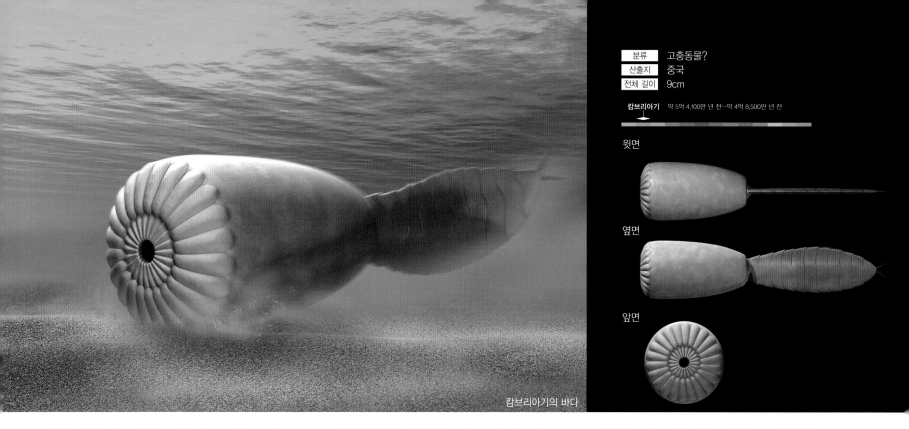

분류	고충동물?
산출지	중국
전체 길이	9cm

캄브리아기 약 5억 4,100만 년 전~약 4억 8,500만 년 전

윗면

옆면

앞면

캄브리아기의 바다

추운 날에는 어묵탕! 각종 어묵에 무, 달걀, 곤약과 다시마, 그리고… 응?

"어? 이건 뭐지…?"

이럴 때 기분, 충분히 이해한다. 지금 당신 앞에 놓인 접시에는 요상한 식재료 하나가 섞여 있다.

원래 어묵탕에 무엇을 넣느냐는 지역과 지방은 물론 각 가정마다 차이가 있다고 한다. 나만의 독특한 재료를 넣어 끓이는 것은 어묵탕을 즐기는 방법

중 하나일 것이다. 하지만 아무리 독특한 게 좋다고 해도 이 접시 안에(그림 왼쪽 아래) 있는 재료는 본 적이 없을 것이다.

이 재료의 이름은 시다준 스테파누스(*Xidazoon stephanus*). 몸의 앞부분은 원통 모양이고, 뒷부분은 지느러미로 구성된 동물이다. 앞부분은 마치 속이 빈 둥근 어묵처럼 가운데가 뻥 뚫려 있다. 이 구멍으로 어묵 국물이 스며들면 요리의 맛이 얼마나

좋아질까? 이 구멍은 시다준의 입으로 추정된다.

'응? 이게 뭐야? 맛있어?'

누가 이렇게 묻는다면, 사실 대답하기는 곤란하다. 시다준은 아직까지는 캄브리아기에서만 확인되는 동물이며, 현생동물과의 유연관계는 밝혀지지 않았다. 어떤 연구자들이 고충동물이라는 독자적인 부류를 만들었을 정도다. 기회가 된다면 맛은 직접 확인해보기를.

시푸스아욱툼

【*Siphusauctum gregarium*】

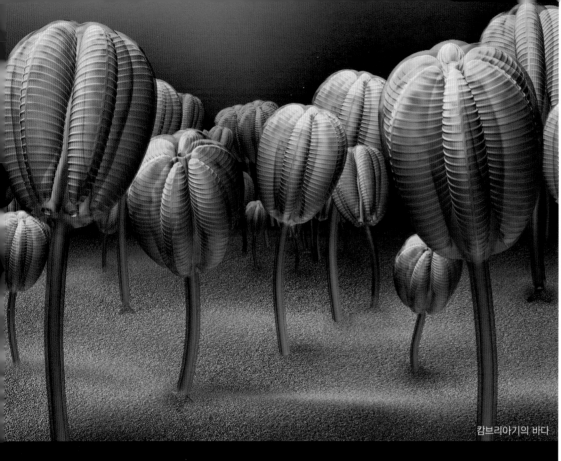

캄브리아기의 바다

분류	알 수 없음
산출지	캐나다
전체 길이	20cm

캄브리아기　약 5억 4,100만 년 전~약 4억 8,500만 년 전

옆면　　　　　　위에서 내려다본 모습　　　밑에서 올려다본 모습

아름다운 튤립 꽃다발 속에 낯선 뭔가가 한 송이 꽂혀 있다. 튤립처럼 봉긋 부푼 형태의 이것은 시푸스아욱툼 그레가리움(Siphusauctum gregarium)이라 불린다.

시푸스아욱툼에 '한 송이'라는 단위는 어울리지 않을지도 모른다. 분명 시푸스아욱툼은 가늘고 긴 줄기가 있고, 그 끝에 꽃받침이 있다. 그 모습 때문에 '튤립 피조물(tulip creature)'이라는 별명도 있다. 하지만 이 생물은 튤립과는 달리 동물이다. 다만 동물이라는 것 외의 다른 정보는 전혀 밝혀지지 않았다.

시푸스아욱툼의 꽃받침을 위에서 내려다보면 가운데에 작은 구멍이 있는데, 이것은 아마 항문인 것으로 추정된다. 이 항문을 감싸듯 총 6개의 송이 모양 구조가 있고, 각각의 송이 바닥에는 작은 구멍이 있다. 이 구멍이 입이며 물을 빨아들이면서 영양분도 함께 흡수했을 것으로 추측된다.

시푸스아욱툼은 튤립 꽃다발 속에 있으면 파묻혀 버릴 것 같다(?). 하지만 지금까지 밝혀진 바에 따르면, 그 존재감은 그야말로 압도적이었다. 무엇보다 이 동물은 캄브리아기의 바다에 살던 생물이다. 캄브리아기 동물은 대부분 길이가 10cm 정도였고, 시푸스아욱툼만큼 큰 것은 거의 없었다. 게다가 어떤 해역에서는 시푸스아욱툼이 무성하게 우거져 바다의 '튤립 꽃밭'을 형성하기도 했다.

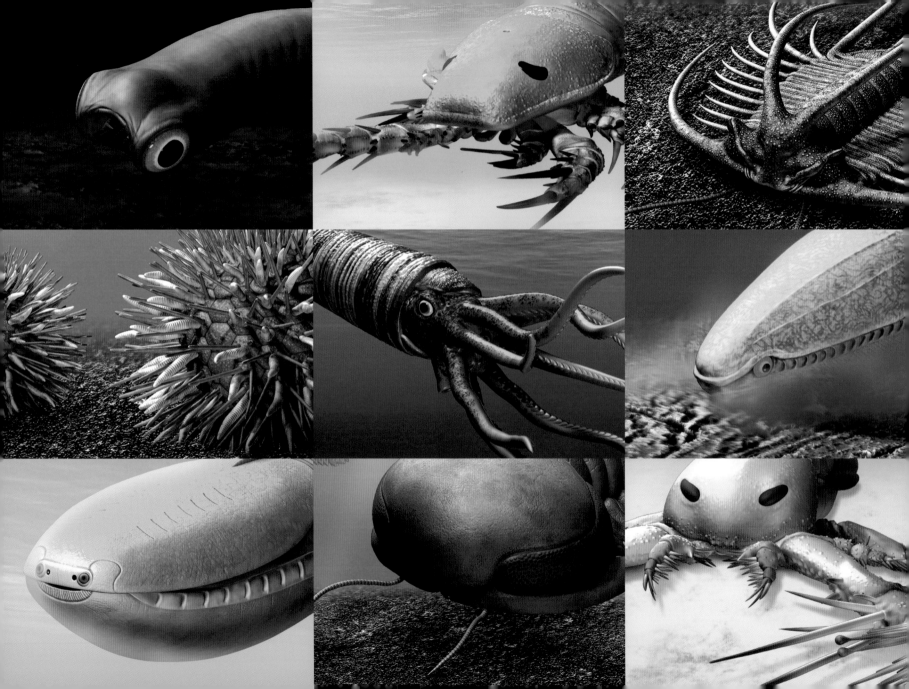

오르도비스기

Ordovician Period

생명체의 크기와 모습이 다양해지고 초거대 생물이 처음으로 등장한 시대다. 약 4억 8,500만 년 전부터 고생대 두 번째 시기인 오르도비스기가 시작된다. 캄브리아기에 이어 이 시대의 생물 역시 대부분 사람 손바닥만한 크기였다. 하지만 조금씩 수십 cm급 동물이나 m 단위의 동물이 증가하기 시작한다. 그중에는 전체 길이가 11m나 되는 초대형급도 있었다. '11m'라는 숫자는 오르도비스기의 최대 크기이며 고생대 전시대를 통틀어도 기록적인 크기다.

오르도비스기 동물들에게는 몸의 크기뿐 아니라 다양한 변화가 일어났다. 삼엽충류는 입체적인 모양새를 갖추어갔고, 다양한 다리가 달린 바다 전갈류도 등장했다. 또한 물고기의 친척들도 더욱 '물고기다워'지며 다양해졌다.

아이기로카시스

【*Aegirocassis benmoulai*】

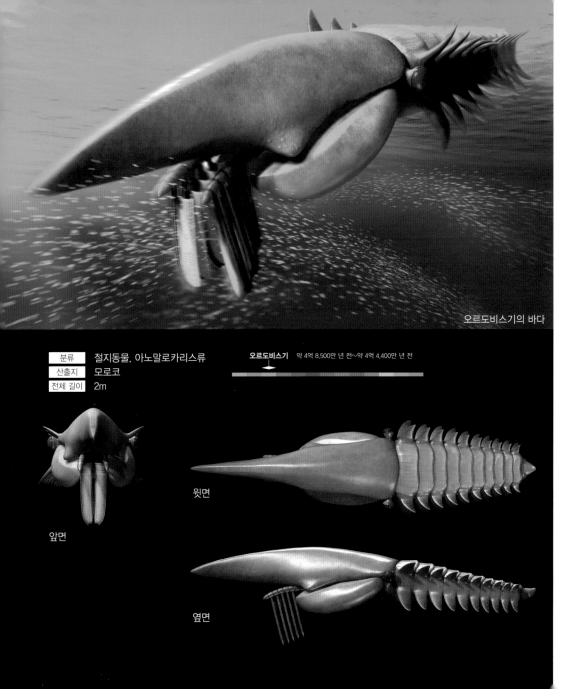

오르도비스기의 바다

오르도비스기　약 4억 8,500만 년 전~약 4억 4,400만 년 전

앞면

윗면

옆면

참치와 함께 묘하게 생긴 녀석이 잡혀 올라왔다. 전체 길이 2m에 달하는 원뿔형 몸체. 커다란 머리에 커다란 겹눈. 빗처럼 생긴 구조물이 달린 2개의 '촉수'. 눈여겨봐야 할 것은 지느러미인데 위아래 2줄로 되어 있다. 과연 먹을 수는 있을까…?

이 묘한 생물의 정체는 아이기로카시스 벤모울라이(Aegirocassis benmoulai). 30~35쪽에서 소개한 아노말로카리스류의 친척이다. 촉수의 안쪽에는 가는 빗 모양의 가시가 줄지어 있다. 이 촉수를 사용해 바다 속의 플랑크톤을 모아 먹은 모양이다.

지금까지 보고된 바에 따르면, 아이기로카시스는 오르도비스기 초기의 아노말로카리스류이며, 앞서 언급한 캄브리아기의 아노말로카리스류는 서식 시기에 따라 2,500만 년 이상의 시간 차이가 난다. 단, 아이기로카시스와 캄브리아기의 아노말로카리스류는 둘 다 '당시의 최대급 생물'이라는 공통점이 있다. 오르도비스기 초기에 2m급 생물은 그리 많지 않았다.

캄브리아기의 아노말로카리스류가 대부분 육식성이었음을 감안하면 플랑크톤을 먹는 아이기로카시스는 별종이라 할 수 있다. 당시 대부분의 동물들 입장에서 보면 아이기로카시스는 덩치는 커도 자신들을 공격하지는 않았다. '착한 거인'이 아니었나 싶다.

'커다란 덩치에 플랑크톤을 포식'하는 것은 현생 해양생태계의 수염고래류와 비슷하다.

아사푸스
【*Asaphus kowalewskii*】

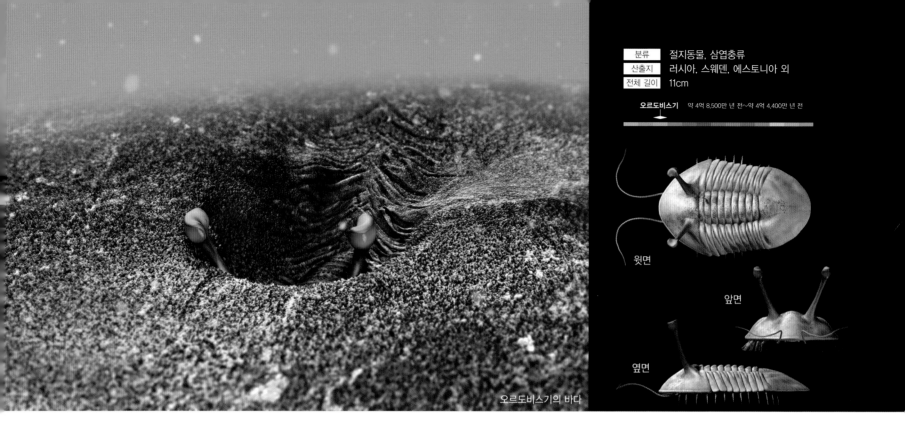

분류	절지동물, 삼엽충류
산출지	러시아, 스웨덴, 에스토니아 외
전체 길이	11cm

오르도비스기 약 4억 8,500만 년 전~약 4억 4,400만 년 전

윗면

앞면

옆면

오르도비스기의 바다

노을로 물든 테니스 코트에 두 마리의 삼엽충이 서성이고 있다. 얼마나 몽환적인 광경인가? 이 장면에서 어떤 인간적인 드라마를 느끼지 않을 수 없다.

이 삼엽충의 이름은 아사푸스 코왈레브스키(*Asaphus kowalewskii*)다. 크기는 최대 11cm에 이르지만, 이미지처럼 테니스공보다 조금 더 큰 개체도 적지 않다.

지금까지 밝혀진 바로는 오르도비스기 당시 '아사푸스'라는 속명을 갖는 삼엽충이 크게 번성했고,

다수의 종을 거느렸다. 그중에서 아사푸스 코왈레브스키는 한층 두드러지는 존재이다. 수 cm 길이의 안축(眼軸, 안구의 전극(前極)과 후극을 잇는 선-옮긴이)이 있고 그 끝에 겹눈이 달려있었다. 마치 달팽이 같은 외모다. 달팽이 눈과 가장 큰 차이는 아사푸스 코왈레브스키의 안축은 외피와 동일한 단단한 조직으로 이루어져 있는 것이다. 때문에 달팽이 같은 신축성이나 유연성은 없었다. 오르도비스기의 해양세계에서 아사푸스는 해저에 몸을 숨기

고, 간신히 바깥세상을 엿볼 만큼만 그 눈을 내놓고 살았다고 한다.

캄브리아기에 등장한 삼엽충류는 오르도비스기에도 크기에 변함이 없었고, 대부분 그림에 나와 있듯이 10cm 이하였다. 다만 오르도비스기에는 캄브리아기보다 아사푸스 코왈레브스키의 눈처럼 '3차원적 구조의 기능'을 발휘한 삼엽충이 더 많아졌다.

보이다스피스

【*Boedaspis ensipher*】

분류	절지동물, 삼엽충류
산출지	러시아
전체 길이	7cm

오르도비스기 약 4억 8,500만 년 전~약 4억 4,400만 년 전

앞면

옆면

윗면

오르도비스기의 바다

자, 이번엔 어떤 카드를 낼까? 위스키를 내려놓고 손을 뻗으려는데… 이크, 깜짝이야. 카드 위에 뭔가가 있다. 한쪽 방향으로 뻗은 크고 작은 가시들, 후두부에서 뻗어나간 2개의 뿔. 다른 곳을 보며 손을 뻗었다면 다쳤을지도 모른다.

이 가시투성이 생물은 삼엽충의 일종이다. 보이다스피스 엔시페르(*Boedaspis ensipher*). 이 삼엽충

은 지금의 러시아에서 화석이 발견되었다. 그렇다면 어쩌면 지금의 상황에는 위스키보다 보드카가더 잘 어울릴지도 모르겠다.

그건 그렇고, 보이다스피스는 오르도비스기의 해저에 살던 삼엽충류다. 전체 길이는 7cm로, 삼엽충치고는 '보통'이라 불릴 만큼 크지도 작지도 않다. 하지만 사실 오르도비스기의 삼엽충이 이렇게까

지 가시로 무장한 경우는 드물다. 소수파인 셈이다.

삼엽충류는 그 역사를 볼 때, 크게 다음과 같은 경향을 보인다. 캄브리아기에는 납작하고 대체적으로 비슷한 종류가 많고, 오르도비스기에는 입체적인 구조를 띠는 종류가 많아진다. 그리고 데본기에는 가시가 많다…. 그렇다, 보이다스피스는 유행을 앞서갔던 것이다.

레모플레우리데스

【Remopleurides nanus】

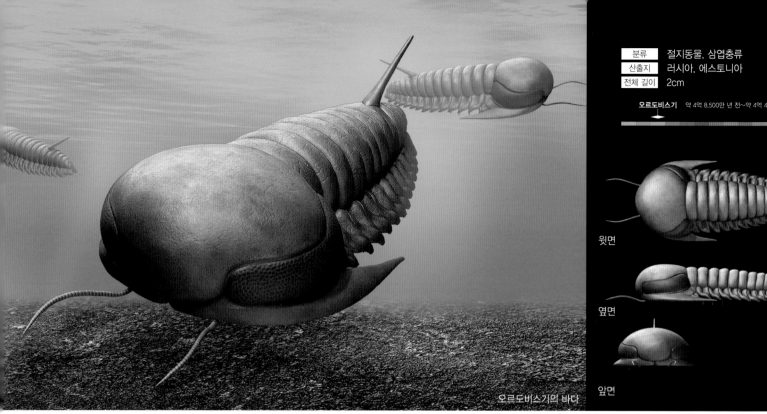

분류	절지동물, 삼엽충류
산출지	러시아, 에스토니아
전체 길이	2cm

오르도비스기 약 4억 8,500만 년 전~약 4억 4,400만 년 전

윗면

옆면

앞면

오르도비스기의 바다

'신의 한 수'를 노리며 바둑에 집중하고 있는데, 바둑판에 어떤 묘한 동물이 나타났다. 바둑판의 한 칸보다 약간 작은 이 동물은 돌이 놓이는 장면을 가만히 지켜보고 있다. 이 동물의 이름은 레모플레우리데스 나누스(Remopleurides nanus). 삼엽충류의 일종이다.

지금까지 보고된 바에 따르면, 레모플레우리데스는 오르도비스기의 러시아에서 서식했다. 오르도비스기 당시의 삼엽충류는 10cm 전후인 종이 많고,

레모플레우리데스처럼 작은 종류는 거의 드물었다. 그림 속 개체 크기가 표준이기는 하지만, 최대라도 4cm에 미치지 못했다고 알려져 있다. 그런가 하면, 1cm 정도의 작은 개체도 있었던 것 같다.

녀석의 인상이 몽환적이기는 하지만 생김새에 주목해보자. 전체적으로 유선형이며 커다란 겹눈은 머리 옆면에 띠처럼 뻗어 있다. 이는 같은 오르도비스기의 러시아에 서식하던 아사푸스(66쪽 참조)나 보이다스피스(68쪽 참조)와 크게 다른 점이다.

이런 생김새 때문에 레모플레우리데스는 유영 생활을 했을지도 모른다는 견해가 우세하다. 유선형 몸체는 물속에서 나름 고속으로 이동할 때 위력을 발휘해 물의 저항을 줄여준다. 띠처럼 넓은 눈은 헤엄을 치면서 3차원 공간을 파악하기에 적합하다. 잘 보면 꼬리 부분에 작은 가시가 있는데, 이 가시는 유영할 때 키의 역할을 했을지 모른다. 적어도 자세를 제어하는 데는 도움이 되었을 것이다.

펜테콥테루스

【*Pentecopterus decorahensis*】

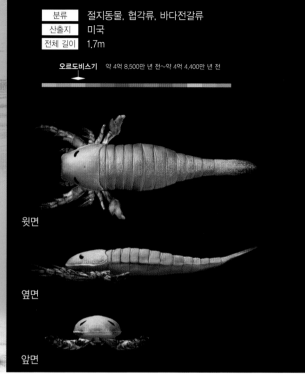

오르도비스기의 바다

분류	절지동물, 협각류, 바다전갈류
산출지	미국
전체 길이	1.7m

오르도비스기 약 4억 8,500만 년 전~약 4억 4,400만 년 전

윗면

옆면

앞면

물기를 말리고 있는 서핑보드들 사이에 낯선 뭔가가 눈에 띈다. 새로운 형태의 서핑보드? 아니, 이건 분명히 동물이다. '바다전갈류'에 속하는 절지동물이다. 서핑보드처럼 사람이 등에 올라 파도를 탈 수 있을지는 모르겠지만 '시험 삼아 해보겠다'면 해변이 한적한 시간대가 좋을 것이다. 이 바다전갈류에는 날카롭게 가시처럼 돋은 부속지(몸통에 붙어 있는 다리)가 있다. 수영을 하다가 찔리면 큰일이다.

바다전갈류는 현재까지 약 250종이 확인되었다. 바다뿐 아니라 담수를 포함한 다양한 물에 살았던 절지동물 그룹이며 이름처럼 '전갈'을 닮았다. 여기에 등장한 것은 펜테콥테루스 데코라헨시스(Pentecopterus decorahensis)라는 종이다. 지금까지 보고된 바에 따르면 오르도비스기 중기에 서식했던 역사적으로 가장 오래된 바다전갈이다. 펜테콥테루스는 전체 길이가 약 1.7m나 되어 당시로서는 큰 부류에 속했다.

일반적으로 생물은 시간이 흐를수록 대형화하는 경향이 있다. 펜테콥테루스는 '가장 오래된 바다전갈'이기는 하지만, 1.7m의 거대한 몸을 가졌다. 때문에 화석이 발견되지 않았다 뿐이지 조금 더 작은 선조가 있을 가능성이 적지 않다. 그렇다면 바다전갈의 역사는 캄브리아기 무렵까지 거슬러 올라갈지도 모르겠다.

메갈로그랍투스

【*Megalograptus ohioensis*】

분류	절지동물, 협각류, 바다전갈류
산출지	미국
전체 길이	1.2m

오르도비스기 약 4억 8,500만 년 전~약 4억 4,400만 년 전

윗면

앞면

옆면

오르도비스기의 바다

응? 펜테콥테루스랑 똑같잖아? 어떻게 된 거지? 여러분 중에는 이렇게 생각하는 분도 있을 것 같다. 만약 그렇다면 그림을 자세~히 들여다보기 바란다. 그림의 오른쪽 아래를 보면 새로운 바다전갈류가 한 종 추가되었음을 알 수 있을 것이다. 펜테콥테루스의 절반 정도 크기인 이 바다전갈류는 메갈로그랍투스 오히오엔시스(*Megalograptus ohioensis*)라고 한다.

메갈로그랍투스는 펜테콥테루스와 같은 미국산

바다전갈이다. 펜테콥테루스와 가장 큰 차이는 일단 몸체의 크기다. 펜테콥테루스는 전체 길이가 1.7m인데 반해 메갈로그랍투스는 1.2m 정도밖에 되지 않는다. 하지만 1.2m는 바다전갈류 중에서 결코 작은 게 아니며, 오히려 '1.7m'인 펜테콥테루스가 '상당히 큰 편'이다.

이 둘은 '꼬리 끝 부분'도 많이 다르다. 펜테콥테루스의 꼬리는 넓적한 삽처럼 생긴데 반해 메갈로그랍투스는 가위처럼 생겼다.

지금까지 보고된 바에 따르면, 메갈로그랍투스와 펜테콥테루스는 같은 오르도비스기의 바다전갈류이지만, 메갈로그랍투스가 900만 년 정도 늦게 출현했다. 이 무렵에는 둘 말고도 몇몇 바다전갈류가 존재했던 것으로 추정되는데, 전신 복원은 이루어지지 않았지만 여러 개의 화석이 발견되었다. 오르도비스기는 바다전갈류의 종의 수가 차츰 증가한 시기였다.

루나타스피스

【*Lunataspis aurora*】

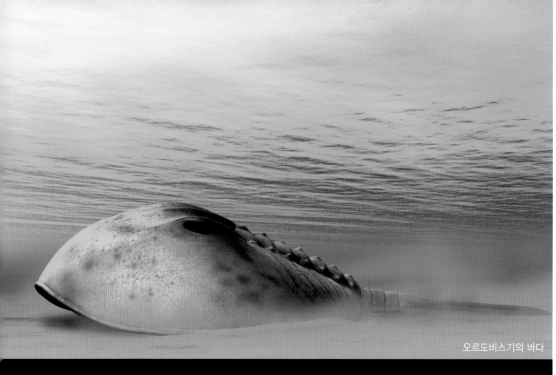

오르도비스기의 바다

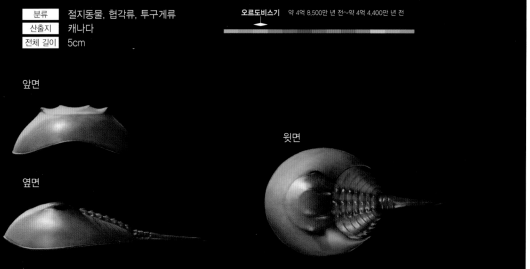

분류	절지동물, 협각류, 투구게류
산출지	캐나다
전체 길이	5cm

오르도비스기   약 4억 8,500만 년 전~약 4억 4,400만 년 전

앞면

옆면

윗면

투구게 한 마리가 해안가를 누비고 있다. 반원형 껍데기로 덮여있는 머리가슴(前體)과 육각형에 가까운 배(後體). 그리고 뒤로 길게 뻗은 꼬리. 북미 대륙 동부, 동남아시아, 일본의 세토나이카이(瀨戸内海)와 규슈 북부 등에서 볼 수 있는 모습이다.

이런 투구게의 주변을 마치 대열을 갖추듯 작은 동물들이 둘러싸고 있다. 투구게와 같은 방향을 향하고 있는 새끼들의 생김새는 투구게와 아주 흡사하다.

투구게 주변의 이 작은 동물들은 루나타스피스 오로라(Lunataspis aurora)이다. 투구게와 외모가 비슷한 것은 그럴만한 이유가 있다. 루나타스피스는 투구게 그룹의 하나이기 때문이다.

루나타스피스는 오르도비스기의 캐나다에 서식했던 투구게류이다. 알려진 바로는 가장 오래된 투구게류이다. 현생 투구게를 '살아있는 화석'이라고 하는데, '화석과 비교해 모습이 거의 바뀌지 않았다'는 이유에서 붙여진 별명이다. 따라서 가장 오래된 투구게류인 루나타스피스와 현생 투구게는 '모습'이 똑같다. 왜 '살아있는 화석'이라 불리는지 고개가 끄덕여진다.

하지만 아주 자세히 보면 다른 점도 있다. 예를 들어, 루나타스피스의 꼬리에는 마디처럼 생긴 구조가 있다. 그런데 확대해 보면 그건 마디가 아니고 '계단 형태의 구조'다. 어디까지나 1장의 판을 이루고 있으며, 이런 점에서는 현생 투구게와 다르지 않다.

카메로케라스

【*Cameroceras trentonense*】

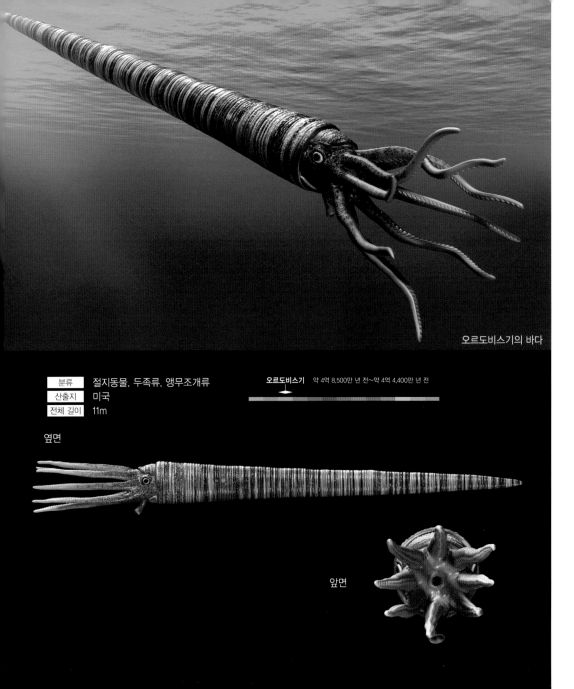

오르도비스기의 바다

분류	절지동물. 두족류. 앵무조개류
산출지	미국
전체 길이	11m

오르도비스기　약 4억 8,500만 년 전~약 4억 4,400만 년 전

옆면

앞면

영국의 수도, 런던을 달리는 명물 하면 빨간 2층 버스가 생각날 것이다. 이 버스의 지붕에는 이상하게 생긴 동물이 묶여 있을 때가 있다. 거의 버스 길이만한 이 동물은 긴 원뿔형 외피에 문어라고도 오징어라고도 하기 애매한 연체부와 함께 다리가 여럿 달려 있다.

동물의 이름은 카메로케라스 트렌토넨세(*Cameroceras trentonense*)다. 이 동물의 특징인 긴 원뿔형 부분은 속이 대부분 비어 있다. 연체부는 입 근처의 부위이며, 나머지 비어 있는 부분은 여러 개의 방이 벽으로 나뉘어 있다. 카메로케라스는 원래 수생동물이다. 원뿔형 방에 들어오는 물의 양을 조절함으로써 자신의 부력을 조절했을 것으로 추정된다. 다만, 카메로케라스는 너무 무거워 헤엄을 치지는 못했을 거라는 견해도 있다.

카메로케라스는 오르도비스기에 등장한 것으로 보고되어 있다. 이 책에서는 크기를 11m로 복원해 보았지만, 사실 지금까지 발견된 화석은 조각난 부분들이라서 전체 길이는 확실하지 않다. '최대 6m'라는 주장도 있는데, 아무튼 확실하지 않다. 만약 11m라는 수치가 정확하다면 고생대 바다 동물 중에서는 최대 크기다. 한편, 6m라 해도 최대급의 크기임에는 변함없으며 오르도비스기 내에서는 다른 종보다 월등하게 크다.

아, 혹시 몰라 이야기하는데 런던에 가도 이런 진귀한 동물을 목격할 일은 없을 것이다.

에노플로우라
【Enoploura popei】

오르도비스기 약 4억 8,500만 년 전~약 4억 4,400만 년 전

윗면

옆면

앞면

오르도비스기의 바다

미용실에 미용기구들이 가지런히 진열되어 있다. 각종 가위와 숱가위, 그리고 핀셋들. 그리고… 응? 왠지 낯선 기구도 있다. 빛을 반사하는 직사각형에서는 윗부분으로 작은 돌기가 두 개, 아래 방향으로는 약간 굵고 긴 가시 같은 것이 뻗어 있다. 질감은 전체적으로 딱딱할 것 같다. 이게 뭐지? 대체 언제 사용하는 물건일까? 미용실에 물으니 대수롭지 않게 대답한다. '아, 그건 카르포이드(Carpoid)예요. 신경 쓰지 마세요.'

하지만 신경을 끄면 얘기를 더 진행할 수 없다. 자, 이 희한한 물체의 정보를 공개해보자. '카르포이드'란 한자로 '해과류(海果類)'라 불리는 극피동물 그룹이다. 그렇다, 아무리 자연스럽게(?) 가위들 틈에 섞여 있어도 이것은 엄연히 멋진 동물이다. 극피동물이므로 불가사리나 성게의 친척이다. 이 미용실에 있는 카르포이드에는 에노플로우라 포페이(Enoploura popei)라는 학명이 붙어있다. 직사각형 부분의 한 변, 두 개의 작은 돌기 사이에는 아마 항

문이 있을 테고, 그 반대쪽으로 뻗은 약간 굵고 긴 가시처럼 생긴 것은 팔처럼 구부러졌으리라 생각된다.

에노플라우라뿐 아니라 해과류 자체가 온통 수수께끼투성이라 그들의 생태에 관해서는 거의 알려진 바가 없다. 현재까지 보고된 바에 따르면, 해과류 자체는 캄브리아기부터 석탄기까지 살았다고 한다.

보트리오키다리스

【*Bothriocidaris eichwaldi*】

오르도비스기의 바다

분류	극피동물, 성게류
산출지	에스토니아
전체 길이	1cm

오르도비스기 약 4억 8,500만 년 전~약 4억 4,400만 년 전

윗면

아랫면

옆면

와, 이 케이크 맛있겠다. 그래, 이거야 이거. 새콤한 라즈베리를 보니 참을 수가 없네. 그리고 천천히 포크를 들기 전에 자세히 보자. 그대로 먹었다면 큰일 뻔했다. 블루베리 옆에 있는 정체불명의 가시투성이 물체를 보라.

이 가시투성이 물체는 보트리오키다리스 에이크왈디(*Bothriocidaris eichwaldi*)라고 한다. 이래봬도 성게의 친척이다. 성게처럼 보행에 필요한 돌기와 가시가 같은 위치에서 자란다. 에이크왈디 말고도 여러 종류가 보고된 바 있고, 에스토니아 외에 미국에서도 발견된 적이 있다.

현대의 성게는 설명이 필요 없는 고급 식재료다. 성게 초밥, 성게 덮밥, 성게 구이…. 생각만 해도 절로 군침이 돈다.

하지만 사실 800종이나 되는 성게류 가운데 식용은 말똥성게나 보라성게 등 일부일 뿐이다. 그렇다면 이 원시적 존재인 보트리오키다리스는 어떨까? 아쉽게도 전혀 정보가 없다. 뭐, 크기를 생각하면 포크를 정교하게 사용해 케이크에서 치우는 편이 더 나을 것 같기도 하다.

아란다스피스

【*Arandaspis prionotolepis*】

분류	척추동물, 무악류
산출지	호주
전체 길이	15cm

오르도비스기 약 4억 8,500만 년 전~약 4억 4,400만 년 전

윗면

옆면

앞면

오르도비스기의 바다

명태 알 사이에 작은 물고기가 누워 있다. 맛있어 보이기는 하지만, 이대로 먹으라고 권하지는 못하겠다. 무엇보다 머리 쪽이 골판(骨板)으로 덮여 있고 아래쪽은 비늘이 빼곡하게 들어차 있기 때문이다.

이 물고기의 이름은 아란다스피스 프리오노토레피스(Arandaspis prionotolepis)이다. 지금까지 보고된 바로는 오르도비스기에 출현한 물고기이고 사상 최초로 비늘을 가진 물고기 중 하나로 유명하다.

물고기의 역사는 캄브리아기에 이미 시작되었다.

52쪽의 밀로쿤밍기아나 54쪽의 메타스프리기나가 대표적이다. 하지만 캄브리아기의 그들은 비늘이 없었다. 물고기들은 오르도비스기가 되어서야 비늘을 지녀 다소나마 몸의 방어 기능을 살렸다.

아란다스피스의 지느러미는 꼬리에만 하나 있을 뿐, 가슴지느러미나 등지느러미 등은 없다. 아마 능숙하게 헤엄을 치지는 못했을 것이다.

오르도비스기의 해양세계에서 물고기는 아직 '약자'이다. 헤엄을 잘 치지 못하는 데다 몸체도 작았

다. 밀로쿤밍기아나 메타스프리기나보다 몇 배는 커졌다고 하나 명태 알 크기와 별반 다르지 않다.

그리고 턱도 없었다. 때문에 단단한 먹이는 부술 수 없었고, 수중이나 해저의 유기물을 빨아들이는 식으로 생명을 유지했다. 우리에게 익숙한 '턱을 가진 물고기'의 등장은 실루리아기까지 기다려야 한다.

사카밤바스피스

【*Sacabambaspis janvieri*】

오르도비스기의 바다

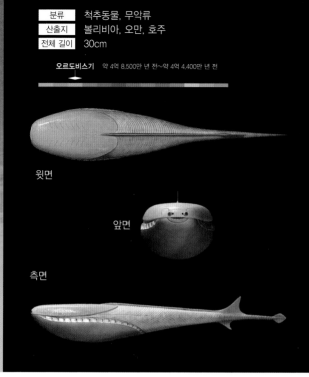

분류	척추동물, 무악류
산출지	볼리비아, 오만, 호주
전체 길이	30cm

오르도비스기　약 4억 8,500만 년 전~약 4억 4,400만 년 전

윗면

앞면

측면

저녁 무렵 음악실. 책상 위에 악기들이 나란히 놓여있다. 귀로(guiro)… 측면의 골을 막대로 긁어 소리를 낸다. 마라카스(maracas)… 손잡이를 잡고 흔들면 '샤카샤카' 소리를 낸다. 그리고 귀로와 마라카스 사이에 놓여 있는 것은… 이크, 네가 왜 이런 데 있지? 사카밤바스피스 안비에리(*Sacabambaspis janvieri*) 아니냐. 턱이 없는 물고기다. 물론 긁어도 흔들어도 소리는 나지 않을 것이다. 사카밤바스피스는 볼리비아, 오만, 호주 등지에서 화석이 발견되고

있다. 지금까지 밝혀진 바로는 오르도비스기 중기에 바다였던 이들 지역에 서식했다고 한다. 지금은 사카밤바스피스 화석의 산지들이 서로 멀리 떨어져 있지만, 이들 지역은 모두 오르도비스기 중기에 초대륙 곤드와나 연안에 있었다.

사카밤바스피스는 '최초로 비늘을 지닌 물고기' 아란다스피스(84쪽 참조)에 비해 몸체가 1.5~2배 정도 컸다. 몸의 구성은 아란다스피스와 아주 흡사하여 머리 쪽은 골판으로 덮여 있고 아랫부분에는 비

늘이 있었다.

아란다스피스와의 차이점으로 꼬리지느러미의 형태를 들 수 있다. 사카밤바스피스는 아란다스피스처럼 꼬리지느러미밖에 없었지만 그 형상은 사카밤바스피스가 훨씬 복잡했다. 그래서 같은 무악류라도 사카밤바스피스와 아란다스피스는 다른 그룹에 속한다.

프로미숨

【*Promissum pulchrum*】

분류	척추동물, 무악류, 코노돈트류
산출지	남아프리카공화국
전체 길이	40cm

오르도비스기 약 4억 8,500만 년 전~약 4억 4,400만 년 전

앞면

옆면

오르도비스기의 바다

　가끔 장어라도 먹을까 싶어 시장에 나가본다. 살아있는 장어들이 꿈틀거린다. 이걸 단골 식당에 가져가면 손질해서 구워줄지도 몰라. 복날이 다가오면 식욕이 더 왕성해진단 말이지. 어? 자세히 보니 장어가 아니잖아?

　커다란 눈이 툭 튀어나온 이 물고기는 프로미숨 풀크룸(*Promissum pulchrum*)이다. 장어는 조기류(條鰭類, Actinopterygii)라는 그룹에 속하는데 반해,

프로미숨은 무악류 중 코노돈트류로 분류된다. 조기류는 턱이 있지만 무악류는 말 그대로 턱이 없다는 게 이 둘의 큰 차이다.

　프로미숨은 코노돈트류의 대표적인 존재다. 40cm에 달하는 긴 몸에는 근섬유가 발달해 있어서 몸을 구불구불하게 만들며 물속을 헤엄칠 수 있었던 것으로 보인다.

　코노돈트류라는 그룹은 수수께끼투성이다. 원래

'코노돈트'란 뿔이나 빗처럼 생긴 수 mm의 단단한 조직[硬組織]을 말한다. 이 코노돈트라는 단단한 조직이 어떤 생물의 어떤 부분에서 무엇에 도움이 되었는지 아직은 밝혀지지 않고 있다. 지금의 프로미숨은 소수를 복원한 것이며, 코노돈트가 구강 안쪽에 배열되어 있었을 것으로 추정하고 있다.

실루리아기 Silurian Period

식물이 본격적으로 뭍에 오르고, 수중에서는 크기와 모습이 더욱 다양해진 시대이다. 약 4억 4,400만 년 전에 시작해 2,500만 년 동안 계속된 고생대 세 번째 시기인 실루리아기. 이 시대를 대표하는 것은 바다전갈류이다. 오르도비스기에 등장한 이 그룹은 실루리아기가 되면서 모습과 크기가 다양해져 최고의 전성기를 맞이했다.

또한 이 시대에 비로소 육지에 정착한 '육상식물'이 등장한다. 단, 크기는 어린아이들이 꺾을 수 있을 정도였다.

다가올 시대에 대해 살짝 귀띔하자면, 실루리아기는 물고기들에게 '약자로서 마지막 시대'였다. 우선 이 시대 물고기류의 크기를 가늠해보고, 다음 시대의 물고기들과 꼭 비교해보기 바란다.

실로코리스

【*Xylokorys chledophilia*】

실루리아기의 바다

분류	절지동물, 마렐로모르프류
산출지	영국
전체 길이	3cm

실루리아기   약 4억 4,400만 년 전~약 4억 1,900만 년 전

윗면

아랫면

앞면

옆면

병뚜껑을 모아놓은 곳에 정체불명의 작은 동물들이 모여들기 시작했다. 자신의 외피를 병뚜껑이라 생각했는지 몸을 뒤집으며 놀고 있다. 이거 뭐지? 귀여울 것 같은데? 이 동물의 이름은 실로코리스 클레도필리아(*Xylokorys chledophilia*)다. '실로코리스'라는 이름에는 '탐험 모자' 혹은 '탐험 헬멧'이라는 의미가 있다. 물론 녀석의 외피를 가리키는 표현이다. 유감스럽지만(?) '병뚜껑'이라는 뜻은 아니다.

실로코리스의 뒤집힌 몸을 자세히 보자. 몸체 뒷부분에 뭔가 가는 구조가 배열되어 있는 게 보인다. 이 구조… 어딘가에서 본 것 같지 않은가?

그렇다. 실로코리스는 실루리아기의 영국에 서식하던 절지동물로 보고되고 있다. 36쪽에서 소개한 마렐라와 같은 '마렐로모르프류'에 속한다. 아마 마렐라처럼 바닷속 유기물을 조금씩 걸러서 먹는 여과섭식자였을 것으로 추정된다. 마렐로모르프류의 친척은 다음 시대(데본기)에도 등장하니 기대해 주시기를.

자, 병뚜껑…이 아니라, 탐험 모자 같은 실로코리스의 외피는 물론 방어를 위한 것이었으리라. 아울러 부드러운 진흙 위를 기어 다닐 때 몸이 진흙 속으로 빠지지 않게 하는 역할도 했을 것으로 보인다.

아르크티누루스

【Arctinurus boltoni】

실루리아기의 바다

분류	절지동물, 삼엽충류
산출지	미국
전체 길이	15cm

실루리아기 약 4억 4,400만 년 전~약 4억 1,900만 년 전

윗면

옆면

　무더운 여름에는 많은 사람들이 평평한 뭔가로 부채질을 하고 싶어 한다. 그럴 때 '평평한 뭔가'로는 물론 부채만 한 게 없다. 개중에는 접었다 펼 수 있는 부채를 애용하는 사람도 있을 것이다. 그런 '평평한 부채 애호가' 여러분, 가끔 평평한 삼엽충은 어떠신지? 삼엽충류 중에 아르크티누루스 볼토니(Arctinurus boltoni)의 몸체는 마치 부채처럼 넓적하다. 이 삼엽충을 잡아 부채 대신 부치면 의외로 시원한

바람이 불지도 모른다. 뭐, 흔히 볼 수 있는 부채보다 약간 작고 조금 더 무거울 수는 있겠지만 말이다.

　지금까지 보고된 바에 따르면 아르크티누루스는 실루리아기의 미국을 대표하는 삼엽충류다. 전체 길이 10cm 이하가 '당연'한 삼엽충류 중에서 15cm라는 크기는 대형에 속한다. 게다가 아르크티누루스의 경우, 측엽 부분이 좌우로 넓게 펼쳐져 있어 독특한 존재감을 과시한다. 아르크티누루스의 화석은 나름

희소종이며, 삼엽충 애호가들 사이에서는 종종 '삼엽충의 왕'이라 불린다.

　아르크티누루스가 서식하던 장소는 부드러운 진흙이 펼쳐진 해저였을 것으로 추정된다. 그런 해저라면 넓적한 몸체는 분명 유리했을 것이다. 마치 눈 오는 날에 신는 설피처럼 몸이 진흙 속으로 가라앉지 않게 해주었을지 모른다.

믹소프테루스

【*Mixopterus kiaeri*】

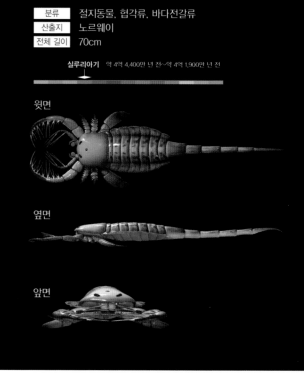

분류	절지동물, 협각류, 바다전갈류
산출지	노르웨이
전체 길이	70cm

실루리아기 약 4억 4,400만 년 전~약 4억 1,900만 년 전

윗면

옆면

앞면

실루리아기의 바다

또 한 마리의 바다전갈이 건조되고 있다. 다시 한 번 복습해보자. 가장 오른쪽 보드에 묶여 있는 종은 오르도비스기의 메갈로그랍투스(74쪽 참조)이며, 가장 왼쪽 두 번째에 밧줄로 고정해 놓은 대형 종은 같은 오르도비스기의 펜테콥테루스(72쪽 참조)이다. 그리고 이 펜테콥테루스 왼쪽 아래 보드와 기둥에 묶여 건조 중인 것이 믹소프테루스 키아에리(*Mixopterus kiaeri*)다.

믹소프테루스는 전형적인 바다전갈류다. 다양한 형태의 부속지(다리)가 있고 특히 가장 뒤쪽의 부속지는 끝이 약간 넓적한 것이 배를 젓는 노처럼 생겼다. 후복부 끝에는 '꼬리검'이라 불리는 구조가 있다. 꼬리검은 이름 그대로 끝이 검처럼 날카롭고 약간 둥글게 말려 있는데, 이는 믹소프테루스의 특징이다. 꼬리검 덕분에 펜테콥테루스나 메갈로그랍투스에 비해 '전갈' 느낌이 더 강하게 난다. 하지만 이 꼬리검은 현생의 전갈류가 품고 있는 '독침'은 아니었던 것 같다. 참고로 믹소프테루스는 바다전갈류

중에서 '비교적 유영이 서툰' 편이었던 것으로 추정되고 있다.

해변에서 건조 중인 개체는 가장 널리 알려진 크기로 전체 길이는 70cm이다. 단, 1m에 달하는 커다란 개체가 있었을 것이라는 주장도 있다. 어쩌면 메갈로그랍투스(전체 길이 1.2m)와 비슷한 길이의 개체도 있었을지 모르겠다.

바다전갈류

【Eurypterid】

분류	절지동물, 협각류, 바다전갈류
산출지	세계 각지
전체 길이	본문 참조

실루리아기 약 4억 4,400만 년 전~약 4억 1,900만 년 전

	앞면	윗면	옆면
후그밀레리아			
에우사르카나			
슬리모니아			
에우립테루스			
프테리고투스			
아쿠티라무스			
스토이르메롭테루스			
코코몹테루스			

잠깐 한눈을 판 사이에 건조 중인 바다전갈류가 엄청 많아졌다.

순서대로 소개해보자. 가장 왼쪽 보드에서 건조되고 있는 믹소프테루스 키아에리(96쪽 참조)는 전체 길이 70cm 정도이다. 그 위에 기둥에 묶여 있는 녀석은 영국 등지에서 화석이 발견되는 후그밀레리아 소키알리스(*Hughmilleria socialis*)이며, 그 옆은 72쪽에서 소개한 펜테콥테루스 데코라헨시스이다. 그 오른쪽 옆 보드에는 미국산 프테리고투스 앙글리쿠스(*Pterygotus anglicus*)가, 그 옆에는 영국에서 화석이 발견되는 머리 모양이 식빵처럼 생긴 슬리모니아 아쿠미나타(*Slimonia acuminata*)가 나란히 있다. 슬리모니아 위쪽으로 시선을 돌리면 미국산 에우립테루스 레미페스(*Eurypterus remipes*)와 머리가 주먹밥처럼 생긴 에우사르카나 스코르피오니스(*Eusarcana scorpionis*)가 밧줄로 고정되어 있다. 그 옆 기둥에 있는 것은 영국산 스토이르메롭테루스 코니쿠스(*Stoermeropterus conicus*)이다. 그리고 몸 전체 길이가 2m인 미국산 아쿠티라무스 마크롭탈리무스(*Acutiramus macrophthalmus*). 그 오른쪽 아래 보드에는 74쪽에서 소개한 메갈로그랍투스 오히오엔시스가 있다. 그 위에는 코코몹테루스 롱기카우다투스(*Kokomopterus longicaudatus*)가 기둥에 고정되어 있다. 후유…. 모두 다 찾으셨는지?

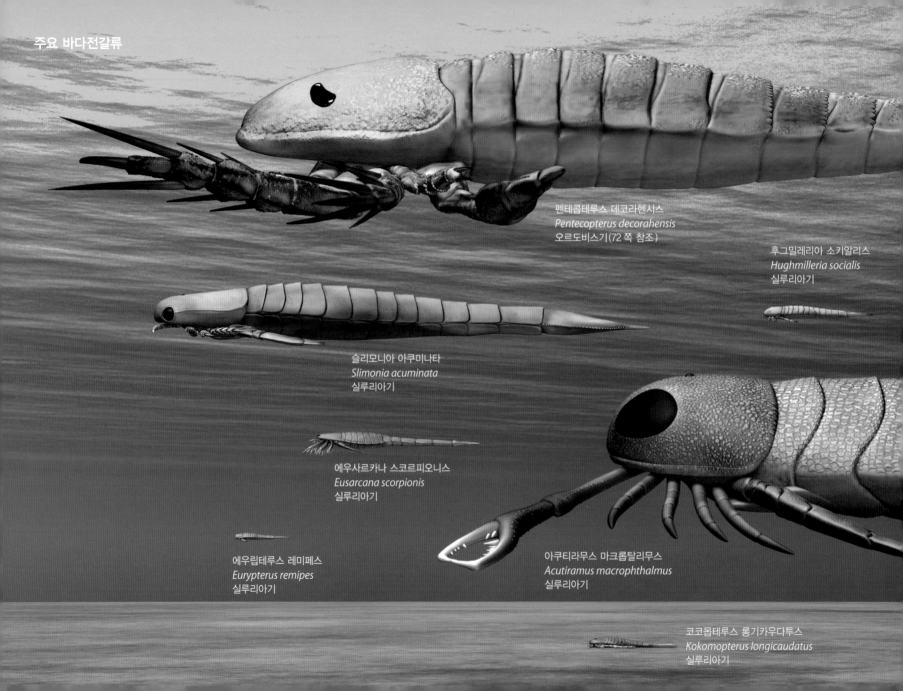

주요 바다전갈류

펜테콥테루스 데코라헨시스
Pentecopterus decorahensis
오르도비스기(72 쪽 참조)

후그밀레리아 소키알리스
Hughmilleria socialis
실루리아기

슬리모니아 아쿠미나타
Slimonia acuminata
실루리아기

에우사르카나 스코르피오니스
Eusarcana scorpionis
실루리아기

에우립테루스 레미페스
Eurypterus remipes
실루리아기

아쿠티라무스 마크롭탈미무스
Acutiramus macrophthalmus
실루리아기

코코몹테루스 롱기카우다투스
Kokomopterus longicaudatus
실루리아기

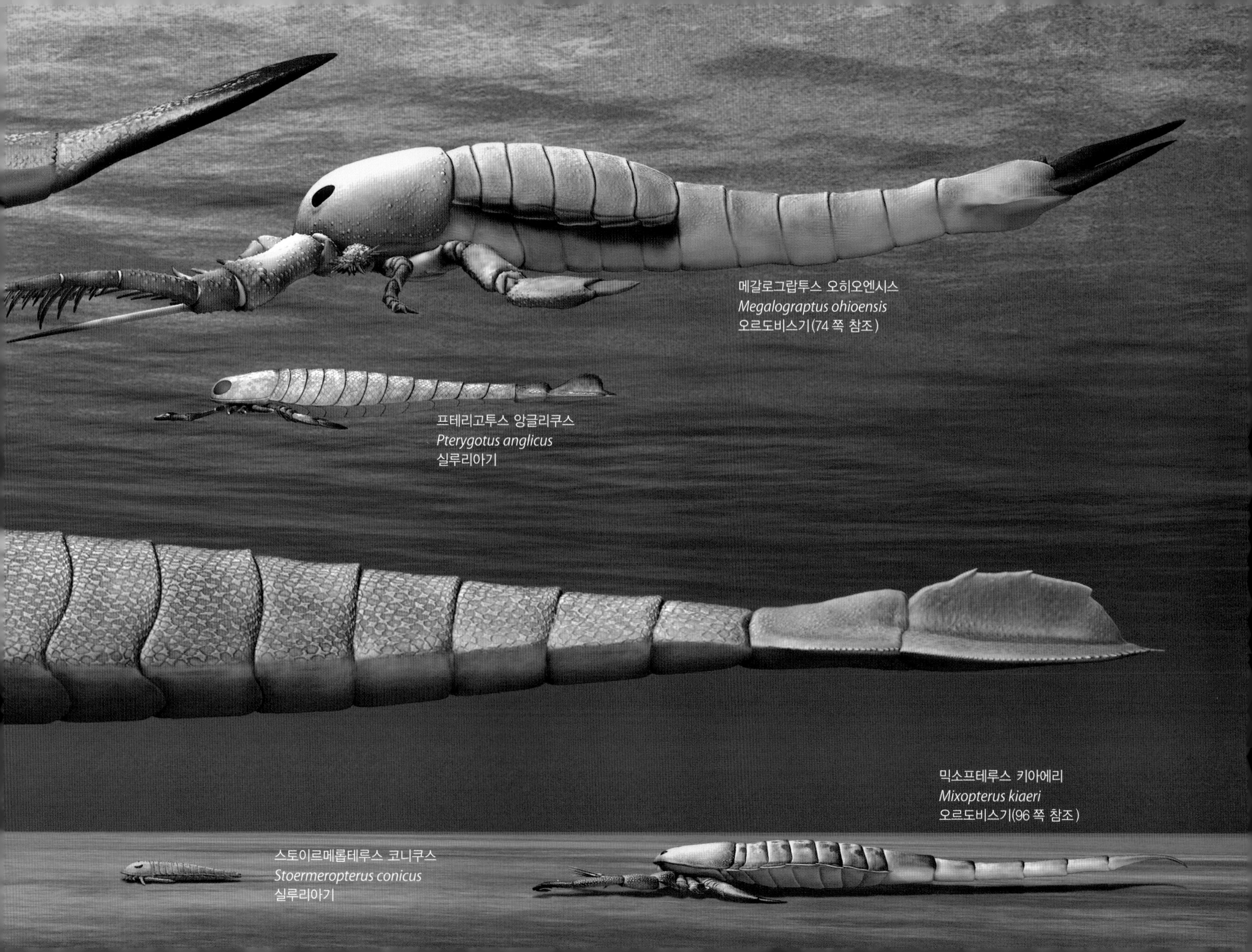

메갈로그랍투스 오히오엔시스
Megalograptus ohioensis
오르도비스기(74 쪽 참조)

프테리고투스 앙글리쿠스
Pterygotus anglicus
실루리아기

믹소프테루스 키아에리
Mixopterus kiaeri
오르도비스기(96 쪽 참조)

스토이르메롭테루스 코니쿠스
Stoermeropterus conicus
실루리아기

브론토스코르피오

【*Brontoscorpio anglicus*】

실루리아기의 바다

분류	절지동물, 협각류, 바다전갈류
산출지	영국
전체 길이	94cm

실루리아기 약 4억 4,400만 년 전~약 4억 1,900만 년 전

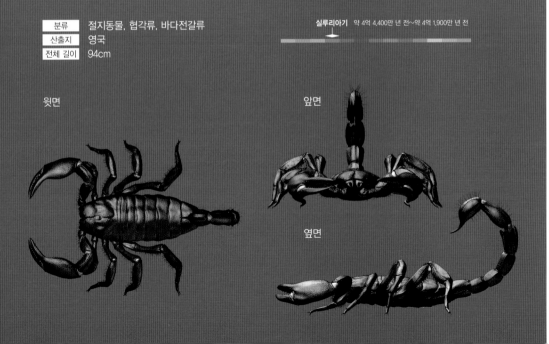

윗면

앞면

옆면

따스한 햇살을 받으며 아이들이 명상에 잠겨 있다. 그런데 어떤 남자아이 옆에 전갈 한 마리가 바싹 다가왔다. 응? 전갈? 전갈치고는 너무 큰데?

그도 그럴 것이 이 전갈은 '생명사에서 가장 큰 전갈'로 유명한 브론토스코르피오 앙길리쿠스(*Brontoscorpio anglicus*)이기 때문이다. 전체 길이가 94cm나 된다고 한다. 어린아이 키만 한 크기다. 조금은 무서울지 모르겠지만, 사실 몸이 너무 무거워 땅 위를 걸어 다니기에는 어려웠던 것으로 추정된다.

추측하건대 브론토스코르피오의 전체 길이는 현생 전갈류 중 가장 큰 종의 4배 이상이나 된다. 이 정도로 거대해질 수 있었던 이유는 물속에서 살았던 종이었던 게 가장 큰 이유로 꼽히고 있다. 즉, 부력의 도움을 받았다는 것이다.

지금까지 밝혀진 바로는, 브론토스코르피오는 실루리아기의 바다에 살았던 전갈류다. 전갈류의 역사는 실루리아기에서 시작하고, 브론토스코르피오를 비롯한 가장 초기의 전갈류는 수중에서 생활했을 것으로 추정되고 있다. 이렇게 현생 전갈류와 꼭 닮은 모습으로 복원해 놓았지만, 실제로 브론토스코르피오의 화석은 집게발 일부만 발견되었을 뿐이다.

그림 속의 브론토스코르피오는 그 집게발 일부를 토대로 추측해 재구성한 결과물이다. 또한 현생 전갈류처럼 꼬리 끝에 독침이 있었는지는 확실하지 않다.

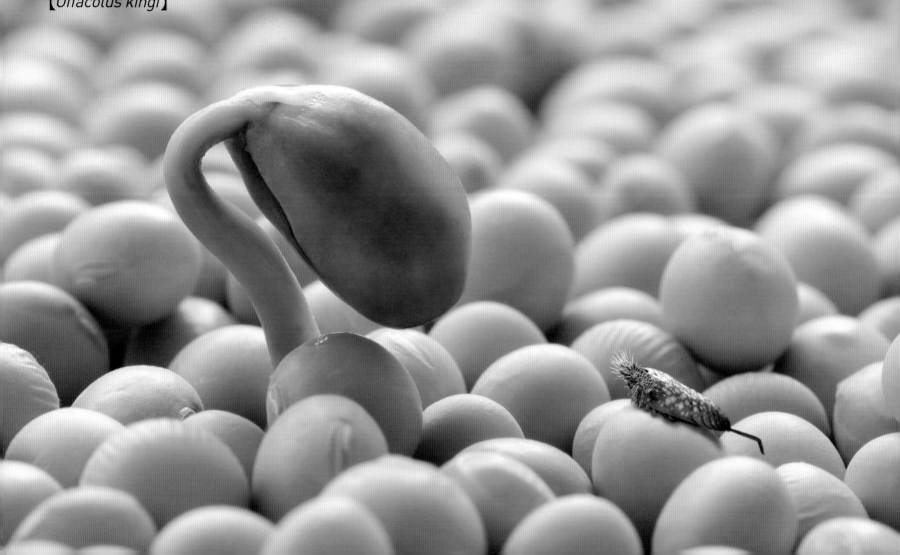

오파콜루스

【*Offacolus kingi*】

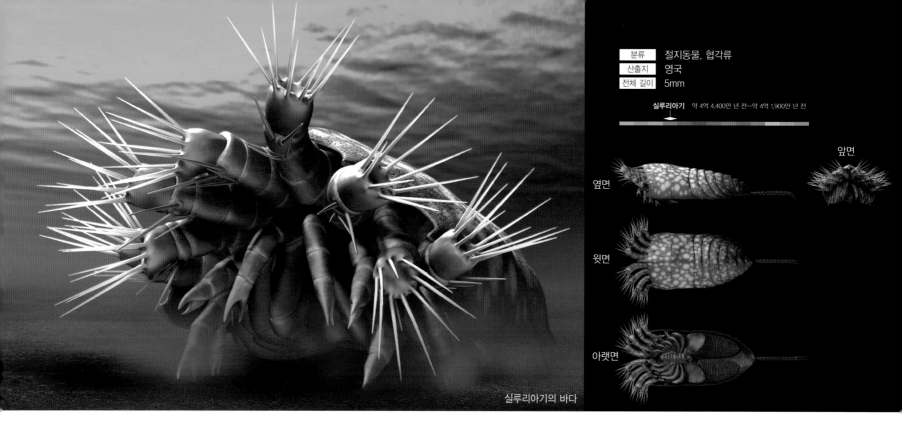

실루리아기의 바다

분류	절지동물, 협각류
산출지	영국
전체 길이	5mm

실루리아기 약 4억 4,400만 년 전~약 4억 1,900만 년 전

옆면　윗면　아랫면　앞면

바구니에 담긴 콩 하나에 싹이 텄다. 흐음, 웬일이지 싶었는데, 작은 '벌레' 한 마리가 기어온다.

뭐지? 싹이 신기해 보이나? 아니면 먹으려고? 콩과 콩 사이에 빠지기도 하고, 콩 위로 기어오르다 미끄러지기도 하면서 그 벌레는 새싹 가까이까지 왔다.

우와, 벌레(곤충)가 아니네!

반원형 외피 아랫부분에는 마디가 있고, 꼬리 부분에서부터 가늘고 긴 가시가 뻗어 있다. 녀석은 외피 앞쪽에 붙은 가시 달린 다리로 꼬무락꼬무락 움직이고 있다. 왠지 모를 기시감… 어디선가 본 듯한 이 느낌…. 아아, 만화영화 〈바람계곡의 나우시카〉에 나오는 거대 벌레 오무와 닮았다!(물론 아니라고 생각하는 분들도 있을 것이다).

이 동물의 이름은 오파콜루스 킹기(Offacolus kingi)이며, 전갈이나 거미처럼 협각류로 분류되는 수생동물이다. 오파콜루스는 부속지가 특징이다. 좌우로 각각 7쌍의 다리가 있는데 두 번째~다섯 번째 다리는 몸체와 연결된 부분부터 위아래로 갈라져 있다. 아래 다리는 보행용이고 위에 달린 다리는 끝에 '억센 털(剛毛)'이 나 있다(이것이 가시처럼 보인다). 이렇게 다리 끝에 억센 털이 있는 것은 오파콜루스의 특징이다. 단, 이것이 어떤 역할을 했는지는 밝혀지지 않고 있다.

오파콜루스의 화석은 영국의 실루리아기 지층에서 발견되고 있는데, 92쪽의 실로코리스도 같은 지역이다. 헤리퍼드셔라 불리는 이 지역에서는 이런 작은 생물들의 미세 구조가 잘 보존된 화석들이 발견되고 있다.

카리오크리니테스

【*Caryocrinites ornatus*】

실루리아기의 바다

분류	극피동물, 바다나리류
산출지	미국
전체 길이	3cm

실루리아기 약 4억 4,400만 년 전~약 4억 1,900만 년 전

윗면

앞면

"우리 과수원에서는 갓 딴 사과를 보내드립니다. 마음을 담아 행복으로 가득한 사과를 준비했어요. 사과를 통째로 착즙한 과즙 100% 주스도 인기 최고랍니다."

이런 광고가 어울릴법한 한 장의 사진. 그 가운데 뭔가 낯선 물체가 서 있다.

"원하시는 고객께는 바다나리도 보내드립니다. 바다나리는 무척 단단하므로 먹을 수는 없지만 관상용으로 애용해주세요."

이 낯선 물체가 아마 바다나리라는 것인가 보다. 바다… 나리? 고개를 갸웃하는 분들도 많을 것 같은데, 이 낯선 물체는 과일이 아니다. 심지어 식물도 아니다. 사실은 바다나리류라는 극피동물이다. 즉, 성게나 불가사리의 친척이다.

바다나리류는 그 이름처럼 바다에서 살았다. 여러분이 지금 보고 있는 것은 미국에서 화석이 발견된 카리오크리니테스 오르나투스(*Caryocrinites ornatus*)라는 종이다. 카리오크리니테스류의 화석은

미국 외에도 캐나다와 유럽에서 발견되고 있다. 가는 줄기와 사과 같은 둥근 꽃받침, 그리고 여러 개의 팔이 있다.

현재까지 보고된 바로는, 바다나리류는 고생대 오르도비스기에 등장해 데본기까지 생존했다고 한다. 다만, 현재 바다나리류로 묶어서 취급하는 종들은 점점 줄어들고 있다.

클리마티우스

【Climatius reticulatus】

실루리아기의 바다

분류	척추동물, 극어류
산출지	에스토니아, 영국, 볼리비아 외
전체 길이	10cm

실루리아기 약 4억 4,400만 년 전~약 4억 1,900만 년 전

옆면

앞면

"식사 나왔습니다. 구운 연어와 극어 정식입니다. 가시 조심해서 드세요…." 맛있어 보이는 아침메뉴다.

연어와 함께 알맞게 구워져 나온 극어류 클리마티우스(*Climatius reticulatus*)를 먹을 때는 살짝 조심해야 한다. 지느러미에도 가시가 있기 때문이다. 아니, 어떤 지느러미는 그 자체가 가시다. 별 생각 없이 입에 넣으면 아침부터 '입안 출혈'이라는 참사를 겪을지도 모른다.

지금까지 보고된 바에 따르면, 클리마티우스는 실루리아기부터 데본기에 걸쳐 살았던 물고기다. 극어류라는 멸종된 그룹에 속하며 그 중에서도 원시적인 존재다. '극어류(棘魚類)'는 그 이름처럼 '가시(棘)'가 있는 물고기다. 가시는 지느러미에 있었다. 극어류의 가시는 꼬리지느러미를 제외한 모든 지느러미의 앞쪽 가장자리에 있는 게 특징인데, 클리마티우스 같은 원시종은 가시의 폭이 넓어 그 자체가 지느러미가 된 경우도 있다.

척추동물의 역사에서 클리마티우스는 가장 초기의 '턱이 있는 물고기'이다. 이전까지 턱이 없어서 '공격 수단'이 다소 부실했던 물고기들은 이제 턱을 갖게 됨으로써 동종을 포함한 다양한 것들을 공격할 수 있게 되었다. 이렇게 턱을 가진 물고기는 클리마티우스 이후 극어류에 한정되지 않고 확대되었다.

하지만 크기는 아직 연어 한 조각 정도에 불과했다. 물고기의 몸체가 커지고 다른 생물을 압도하게 되기까지는 약간의 시간이 더 필요했다.

안드레오레피스
【*Andreolepis hedei*】

분류	척추동물, 조기류
산출지	스웨덴, 에스토니아, 러시아
전체 길이	20cm

실루리아기 약 4억 4,400만 년 전~약 4억 1,900만 년 전

윗면

옆면

앞면

실루리아기의 바다

'가을의 맛' 하면 무엇이 가장 먼저 떠오르는가? 감? 배? 밤? 아니 아니, 꽁치가 최고 아닐까. 맥주 한 잔에 꽁치 구이 안주. 그 즐거움이란⋯ 응? 그런데 이건 뭐지?

뭔가 이상하다. 다 구워진 녀석들과 이제 막 구우려는 녀석이 뭔가 다르다는 걸 눈치챘는지? 꽁치들 틈에 안드레오레피스 헤데이(*Andreolepis hedei*)가 섞여 있다.

안드레오레피스는 꽁치와 같은 조기류다. '조기류'라는 그룹은 현재 지구상에서 가장 다양한 종을 지닌 물고기로, 그 수는 약 2만 7,000종에 달한다. 참치, 연어, 방어 등 우리 식탁에 오르는 대부분의 생선은 이 조기류에 속한다. 안드레오레피스는 이런 대규모 그룹의 일원이다.

하지만 '단순한 일원'은 아니다. 지금까지 보고된 바에 따르면, 안드레오레피스는 가장 오래된 조기류로 손꼽히며, 그 등장은 실루리아기로 거슬러 올라간다. 조기류는 훗날 크게 번영하게 되지만 안드

레오레피스가 살았던 당시에는 압도적인 소수파였다. 그들이 다수파가 되기까지는 상당한 세월이 필요했다.

한편, 안드레오레피스는 108쪽에서 소개한 클리마티우스와 어깨를 나란히 하는 '턱이 있는 초기의 물고기'이기도 하다. 실루리아기에 턱이라는 무기를 수중에 넣은 물고기들은 얼마 지나지 않아 대형화된다.

110

쿡소니아

【Cooksonia pertoni】

분류	라이니아(상)식물
산출지	영국, 볼리비아, 우크라이나 외
전체 길이	7cm

실루리아기 약 4억 4,400만 년 전~약 4억 1,900만 년 전

실루리아기의 물가

동서양을 막론하고 정말 봄내음이 물씬 나는 광경이다. 소년과 소녀가 마주앉아 민들레 홀씨를 불며… 아, 잠깐! 소녀가 들고 있는 식물은 왠지 낯이 설다. 당연히 민들레홀씨는 아니다. 그러니까 소녀가 아무리 열심히 불어도 홀씨는 날아가지 않는다….

소녀가 들고 있는 것은 민들레가 아닌 쿡소니아 페르토니(Cooksonia pertoni)다. 민들레는 속씨식물에 속하지만 쿡소니아는 '라이니아(상) 식물'이라는

상당히 낯선 그룹에 속한다.

라이니아(상)식물은 멸종된 식물군이며 초기의 육상식물 그룹이기도 하다. 쿡소니아는 대표적인 라이니아(상) 식물이며, 현재까지 보고된 바에 따르면 고생대 실루리아기 지층에서 그 화석이 확인되고 있다. 육상 식물의 역사는 오르도비스기부터 시작되었다고 추정되지만 '본격적인 녹색화'는 이 쿡소니아의 등장과 더불어 시작되었다고 한다.

애초에 민들레 같은 속씨식물과는 달리 '본래의

쿡소니아'는 건조한 환경에 약해 물가를 떠날 수 없었다. 또한 자립하기에는 구조가 약해서 일정한 크기 이상은 자랄 수 없었던 것으로 보인다. 쿡소니아의 구조는 단순해서 뿌리와 잎이 없고 물론 꽃도 없었다. 그림에서 소녀가 들고 있는 것은 비교적 큰 개체이며, 대부분은 몇 cm 정도에 불과했을 것이라 한다.

데본기 Devonian Period

약 4억 1,900만 년 전부터 약 3억 5,900만 년 전까지의 6,000만 년을 데본기라고 부른다. 고생대 네 번째 시기에 속하는 이 시기의 화석이 캐나다에서 쏟아져 나와 캐나다의 시대라고도 한다. 이 시대에서 가장 먼저 소개할 것은 캄브리아기와 오르도비스기에 소개한 아노말로카리스류의 '후손'이다. 만약 그들의 크기가 기억나지 않는다면 반드시 지금 32~35쪽을 확인하기 바란다. 그 다음에 지금 이 페이지를 넘기면 과거의 '지배자'가 (크기 면에서) 어떻게 변화했는지 실감이 날 것이다. 데본기의 주역은 '물고기'이다. 이 시대에 이르러 물고기가 드디어 생태계의 '지배자'가 되었다. 그리고 그 '기세를 몰아' 척추동물은 육지로 올라간다. 자, 이제부터 '지배자'가 된 물고기과 초기 사족동물의 크기를 감상하시라.

신데르하네스

【 *Schinderhannes bartelsi* 】

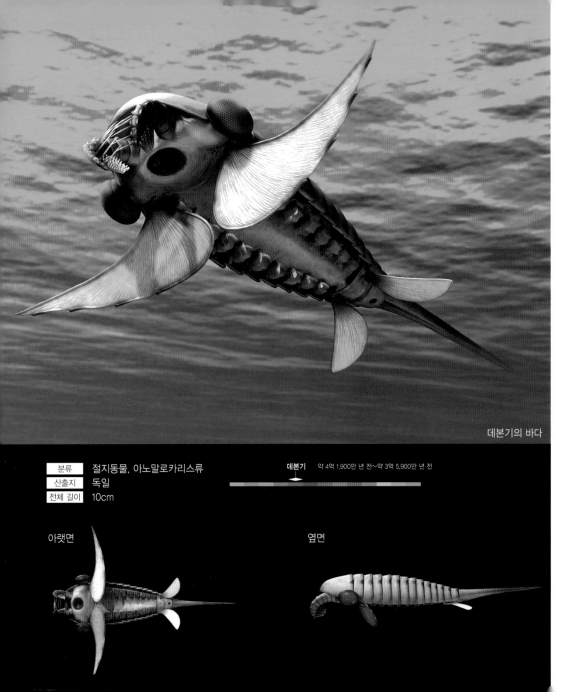

데본기의 바다

분류	절지동물, 아노말로카리스류
산출지	독일
전체 길이	10cm

데본기 약 4억 1,900만 년 전~약 3억 5,900만 년 전

아랫면

옆면

"오! 손님. 알아보시네요. 오늘은 무당게, 털게 말고도 신데르하네스가 들어왔어요. 네? 모른다고요? 손님, 무슨 말이세요. 알잖아요. 아노말로카리스 친척인데. 방금 삶았어요. 네, 맛은 보장한다니까요." 뭐 이런 대화가 오갈 것 같은 분위기다.

전체 길이가 무당게 등딱지 정도 되는 신데르하네스 바르텔시(*Schinderhannes bartelsi*)는 캄브리아기에 크게 번성했던 아노말로카리스류가 생존한 것이다. 보고된 바에 따르면, 데본기에 등장한 이 종을 마지막으로 약 1억 년에 걸친 아노말로카리스류의 역사는 막을 내리게 된다. 즉, 현재까지 확인된 바로는 신데르하네스는 최후의 아노말로카리스류인 셈이다.

대부분의 동물이 전체 길이 10cm 미만이었던 캄브리아기에서 30쪽에서 소개한 아노말로카리스는 1m라는 압도적인 크기를 자랑했다. 다음 시대인 오르도비스기에도 초기부터 2m에 달하는 아노말로카리스류인 아이기로카리스(64쪽 참조)가 등장해 다른 종을 압도하고 있었다.

하지만 데본기에는 그렇게 크지 않았다. 신데르하네스의 전체 길이는 고작 10cm 정도밖에 되지 않았다. 이 크기는 데본기의 해양 세계에서 소형이었고, 캄브리아기의 세계에서도 결코 대형이 아니었다. 과거의 패자는 이제 더 이상 다른 해양 동물의 정점에 서는 존재가 아니었다.

미메타스테르

【*Mimetaster hexagonalis*】

분류	절지동물, 마렐로모르프류
산출지	독일
전체 길이	5cm

데본기   약 4억 1,900만 년 전~약 3억 5,900만 년 전

앞면   윗면

옆면

데본기의 바다

가끔은 여유롭게 차를 마시고 싶다. 나뭇잎이 살랑살랑 떨어지는 곳에서, 미메타스테르와 함께….

응? 미메타스테르?

찻잔 지름의 절반 크기 정도 되려나? 기다란 한 쌍의 다리와 등에 무려 6개의 가시가 있는 신기하게 생긴 동물이 어느새 풍경 속에 들어와 있다. 녀석의 이름은 미메타스테르 헥사고날리스(Mimetaster hexagonalis).

신기해서 만져보고 싶다면, 충분히 조심하기를 바란다. 6개의 커다란 가시마다 또 작은 가시들이 나 있다. 무심코 손을 뻗었다가는 다칠지도 모른다.

사실 미메타스테르는 지금까지 소개했던 몇몇 동물의 친척이다. 어떤 동물들이었을까? 6개의 가시를 뺀 모습을 상상해보면 아마 힌트가 될지도 모르겠다. 36쪽에서 소개한 캄브리아기의 말레라, 92쪽에서 소개한 실루리아기의 실로코리스와 같은 마렐로모르프류다.

현재까지 보고된 바로는, 미메타스테르는 데본기에 살았으며, 캄브리아기 이후 면면히 이어져온 마렐로모르프류 중 '최후의 생존자'로 추정되고 있다.

무슨 행운인지, 그런 '후예'가 이렇게 다과 자리에 찾아와주었다. 건드리지 말고 그 모습을 관찰하는 게 좋을 것 같다. 천천히 차를 마시면서….

바코니시아

【*Vachonisia rogeri*】

데본기의 바다

분류	절지동물, 마렐로모르프류
산출지	독일
전체 길이	6cm

데본기 약 4억 1,900만 년 전~약 3억 5,900만 년 전

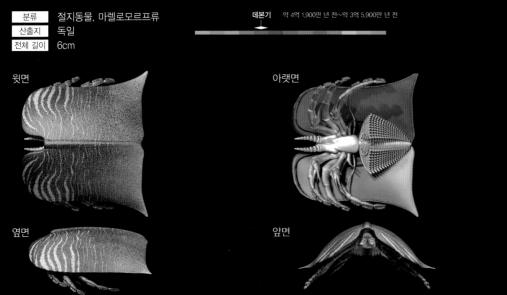

윗면

아랫면

옆면

앞면

흠~, 맛있어 보이는 달걀찜이군. 따뜻할 때 먹어 볼까. 아, 그래도 아직 건배를 하지 않았으니 기다리는 게 좋으려나. 그럼, 다시 뚜껑을 덮고… 이크, 깜짝이야. 뚜껑인 줄 알았는데… 이게 뭐지?

뚜껑 위치에 놓여 있는 건 바코니시아 로게리 (*Vachonisia rogeri*)이다. 지금까지 보고된 바에 따르면, 데본기의 독일에서 서식했던 외피가 있는 마렐로모르프의 일종이며, 화석은 118쪽에 나오는 미메타스테르와 같은 산지에서 발굴된다.

고생대 생물을 소개하는 이 책에서는 지금까지 몇몇 마렐로모르프류를 소개했다. 이 그룹에 속하는 종류들은 캄브리아기에 등장해 오르도비스기, 실루리아기, 데본기로 이어져 내려왔다. 바코니시아는 미메타스테르와 마찬가지로 마렐로모르프류 '최후의 생존자' 중 하나다. 언제든 마음이 내킬 때, 지금까지 나왔던 마렐로모르프류를 되짚어 보면 어떨까? 뭔가 새로운 '발견'을 하게 될지 모른다.

어딘가에서 본 것 같은 느낌이 든다면 92쪽을 펼쳐보자. 크기는 다르지만 아주 비슷한 마렐로모르프류가 있을 것이다. 실제로 바코니시아는 92쪽에서 소개한 실로코리스의 유연 관계로 알려져 있다. 근연종끼리의 크기 차이에 대한 당신의 감상평은 어떤지? 참고로 118쪽의 미메타스테르와 36쪽의 마렐라도 유연 관계라고 한다.

왈리세롭스
【*Walliserops trifurcatus*】

분류	절지동물, 삼엽충류
산출지	모로코
전체 길이	8cm

데본기 약 4억 1,900만 년 전~약 3억 5,900만 년 전

앞면

옆면

— 데본기의 바다

책을 읽다가 떡이 먹고 싶어 오른손으로 '포크'를 잡으려는데… '아얏!' 부주의한 내 잘못이다. '포크'는 접시의 왼쪽. 오른쪽에는 어느 틈엔가 왈리세롭스 트리푸르카투스(*Walliserops trifurcatus*)가 자리를 잡고 있었다. 아무래도 뿔만 보고 '포크'로 착각했나 보다. 가시투성이 등을 건드린 것 같다.

왈리세롭스 속(屬)은 삼지창처럼 생긴 뿔로 유명한 삼엽충이다. 삼엽충은 여러 종(種)이 보고되어 있고 종에 따라 뿔의 길이가 크게 다르다. 그 중에서 가장 긴 뿔을 자랑하는 왈리세롭스 트리푸르카투스는 애호가들 사이에서 'Long Fork'라는 애칭으로 통한다. 그리고 겹눈 위, 후두부에 다소 긴 가시가 위로 뻗어 있고, 가슴에서 꼬리에 걸쳐 몸통의 중심(中葉)과 좌우 측면(側葉)에도 작은 가시가 나 있다. 이 밖에 머리 측면에는 좌우로 긴 가시가 뻗어 있고, 가슴과 꼬리 부분의 마디 끝에도 넙적한 가시가 뻗어있다.

왈리세롭스의 뿔이 대체 어떤 역할을 했는지는 사실 명확하지 않다('포크'가 아니었다는 건 분명하지만…). 일반적으로는 형태와 위치가 장수풍뎅이나 사슴벌레의 뿔을 연상시키기 때문에 동종 간의 싸움에 사용되었을지 모른다는 견해도 있다. 하지만 어디까지나 추측일 뿐이다.

당신도 '포크'로 착각해 덥석 잡는 실수는 하지 말기를.

디크라누루스

【*Dicranurus monstrosus*】

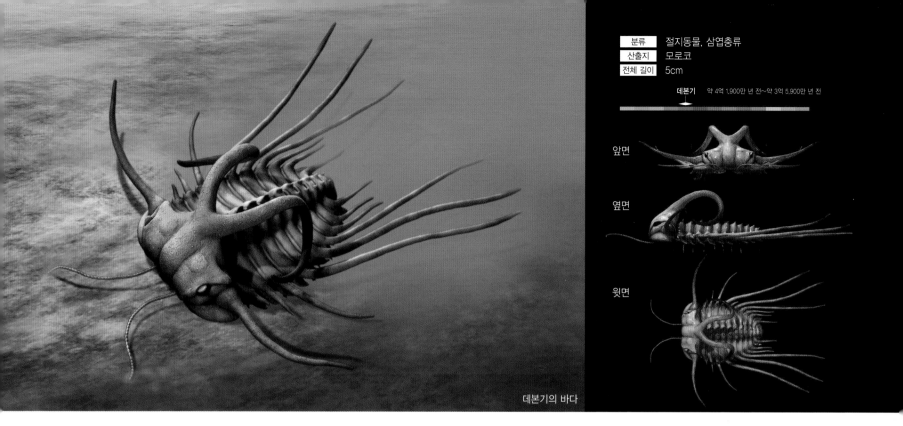

분류	절지동물, 삼엽충류
산출지	모로코
전체 길이	5cm

데본기　약 4억 1,900만 년 전～약 3억 5,900만 년 전

앞면

옆면

윗면

데본기의 바다

사슴벌레와 디크라누루스. 이 둘의 전투는 아무래도 사슴벌레의 승리로 끝날 것 같다. 사슴벌레가 자신의 집게 사이에 디크라누루스 머리에 솟은 '뿔'을 콕 끼워 넣더니 힘껏 내동댕이쳐 버렸다. 디크라누루스의 몸은 사슴벌레보다 압도적으로 딱딱하지만, 내동댕이치는 기술 앞에서는 그 방어력도 소용이 없나 보다.

지금까지 보고된 바에 따르면, 디크라누루스는 데본기의 바다에서 크게 번성했던 '가시 삼엽충'의 일종이다. 전체 길이 5cm는 이 시대 삼엽충치고 아주 큰 편이 아니지만 그렇다고 작은 것도 아니다. 폭이 다소 넓은 몸체의 양 측면에는 길고 굵은 가시가 돋아 있다. 그리고 가장 큰 특징은 후두부에서부터 뻗은 2개의 뿔인데 뒤로 말려 있다. 이 가시와 뿔은 포식자에 대한 방어 역할을 하지 않았을까 추정되고 있다.

가시에 뿔까지. 대단히 별난 모습의 디크라누루스이지만 데본기 당시는 이런 모습에 일정 '수요'가 있었던 것 같다. 여기에서 소개하는 디크라누루스 몬스트로수스(Dicranurus monstrosus) 화석은 모로코의 지층에서 발견된다. 그리고 모습이 아주 비슷한 동속동종이 미국의 데본기 지층에서도 발견되고 있다. 모로코와 미국 사이에는 지금도 대양이 존재하는데 데본기 당시에도 마찬가지였다. 그런 환경에서도 디크라누루스는 어느 정도 번영을 구가했던 것 같다.

테라타스피스

【Terataspis grandis】

분류	척추동물, 삼엽충류
산출지	미국
전체 길이	60cm

데본기 약 4억 1,900만 년 전~약 3억 5,900만 년 전

윗면

옆면

앞면

데본기의 바다

　개가 주차장에서 쉬고 있는데, 어디선가 거대한 삼엽충이 느릿느릿 기어왔다. 낯선 존재에 개도 흥미가 발동한 모양이다.

　몸 전체 길이가 맨홀 뚜껑의 지름 정도 되는 이 삼엽충은 테라타스피스 그란디스(Terataspis grandis)다. 60cm에 달하는 몸 전체 길이는 삼엽충 그룹 중에서도 최대급이다. 테라타스피스보다 더 큰 삼엽충도 몇몇 있었지만, 모두 표면이 매끈하고 그다지 울

퉁불퉁하지 않았으며 가시도 없었다. 테라타스피스는 온몸에 가시가 발달한 삼엽충으로 지금까지 보고된 것들 가운데 가장 크다. 이 정도의 가시로 무장하고 있으면, 호기심이 왕성해 아무데나 '돌격'하는 래브라도 리트리버라도 그리 쉽게 건드리지는 못할 것이다.

　하지만 이 외피는 다른 삼엽충류와 마찬가지로 석회질로 되어 있다. 즉, 상당히 단단하다는 뜻이다. 비

교적 큰 몸체, 무장력, 단단한 외피 등 여러 측면에서 테라타스피스는 강력한 방어체계를 갖추고 있었다.

　무엇보다 이 정도 크기의 석회질 외피라면 중량도 꽤나 무거웠을 것이다. 그렇다면 테라타스피스의 기동력은 부실했을지도 모른다. 보고된 바에 따르면, 테라타스피스는 물고기 종류가 번성하기 시작한 데본기의 삼엽충이다. 테라타스피스의 방어체계는 물고기류 등 강자에 힘을 발휘했을 것이다.

데본기의 바다

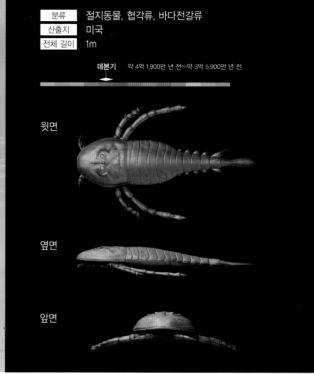

분류	절지동물, 협각류, 바다전갈류
산출지	미국
전체 길이	1m

데본기   약 4억 1,900만 년 전~약 3억 5,900만 년 전

윗면

옆면

앞면

"자, 새벽 보드 타러 출발!"

엄마와 아빠, 딸 셋이서 보드를 들고 눈 덮인 산을 오르고 있다. 일찌감치 떠오른 태양이 이 가족을 맞아준다. 스노보드 타기에 딱 좋은 날씨다.

"아빠, 그게 뭐예요?"

딸의 말에 그제야 아빠는 알아챘다. 자기가 보드와 함께 정체 모를 뭔가를 들고 있다는 걸….

보드에 찰싹 붙어 있는 이 동물은 할립테루스 엑켈시오르(Hallipterus excelsior)라고 하는데, 바다전 갈류의 일종이다. 바다전갈류는 98쪽의 해변에서 살펴봤지만 아무래도 하나를 빼먹었나 보다. 녀석은 어쩌면 '보드'를 타고 겨울 세계로 왔는지도 모르겠다.

보고된 바에 따르면, 할립테루스는 데본기의 바다에 살았던 바다전갈류다. 전체 길이가 1m 전후로 대형종이지만 등장 시기는 '바다전갈류의 전성기'보다 늦었다. 이미 당시의 해양세계에서는 턱이 있는 물고기들의 대형화가 진행되고 있었기 때문에 바다전갈류가 생태계의 강자가 될 가능성은 급속히 낮아지고 있었다.

할립테루스는 98쪽에서 살펴본 다른 바다전갈류와 몇 가지 다른 점이 있다. 믹소프테루스처럼 앞으로 길게 뻗어 먹이를 잡을 수 있는 부속지(다리)도 없고, 또한 아쿠티라무스나 프테리고투스처럼 유영에 적합한 넓적한 부속지도 없다. 헤엄을 칠 수 있었는지도 확실하지 않다.

베인베르기나

【*Weinbergina opitzi*】

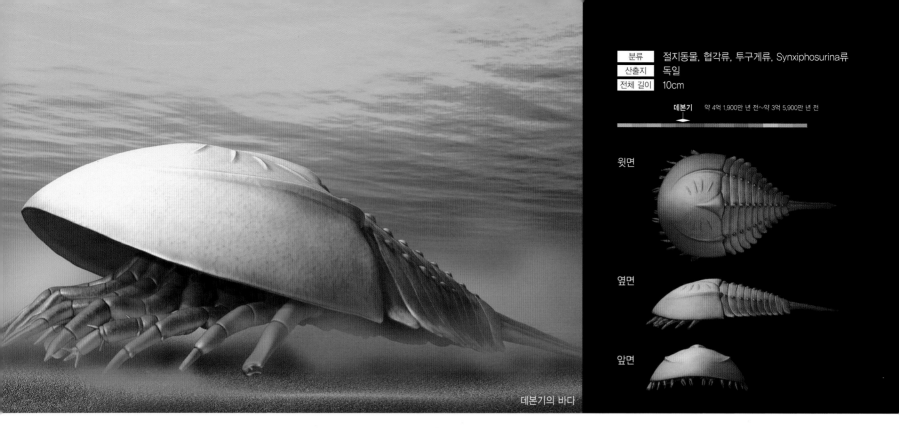

분류	절지동물, 협각류, 투구게류, Synxiphosurina류
산출지	독일
전체 길이	10cm

데본기 약 4억 1,900만 년 전~약 3억 5,900만 년 전

윗면

옆면

앞면

데본기의 바다

말발굽은 행운의 부적으로 사용되기도 한다. 투구게류인 베인베르기나 오피치(Weinbergina opitzi)도 이런 얘기를 들었는지 말발굽 주변으로 모여들고 있다. 어쩌면 자기들과 닮아서 친구라고 생각했는지도 모른다. 우리는 '투구'라는 단어를 사용하지만, 영어로 투구게는 'Horseshoe crab, 즉 '말굽 게'라고 부른다.

그건 그렇고, 베인베르기나는 우리가 알고 있는 투구게와는 조금 다르다. '정확히 말하자면 세토나이카이 등지에서 볼 수 있는 투구게보다 조금 작다'고 보는 전문가도 있다. 베인베르기나는 등딱지 길이가 30cm 정도인 세토나이카이의 투구게보다 분명히 훨씬 작다.

하지만 결정적인 차이는 크기가 아니다. 몸의 중간부터 꼬리 쪽으로 마디 구조가 있는 것이다. 이 특징 때문에 베인베르기나는 투구게류 중에서도 'Synxiphosurina(일본어로 배마디(節) 투구게라는 뜻-옮긴이)류'로 분류된다. 76쪽에서 소개한 '가장 오래된 투구게류'인 루나타스피스의 '마디처럼 보이는 구조'와는 달리, 실제로는 계단형 구조다. 엄연히 마디 구조인 것이다. 하지만 마디의 유무가 이 동물들의 생태에 어떤 차이를 가져왔는지는 확실하지 않다.

아무튼 베인베르기나로 대표되는 Synxiphosurina류는 오늘날까지 살아남지는 못했다.

헬리안타스테르

【*Helianthaster rhenanus*】

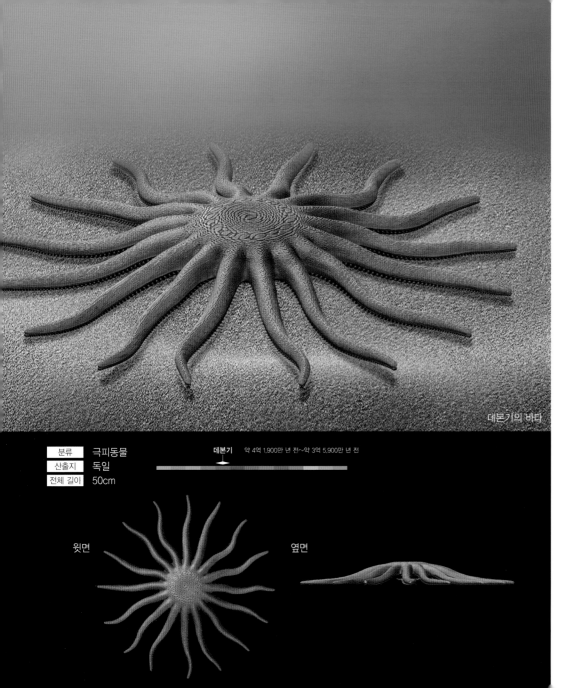

데본기의 바다

분류	극피동물
산출지	독일
전체 길이	50cm

데본기　약 4억 1,900만 년 전~약 3억 5,900만 년 전

윗면

옆면

"자, 간다…!"

요즘 바닷가에서는 원반 대신 불가사리를 던지는 게 유행이다. 항간에는 커다란 불가사리를 잘 던져야 진짜 실력자라는 말이 있나 보다.

그렇다면 헬리안타스테르 레나누스(*Helianthaster rhenanus*)가 최적일지도 모르겠다. 무엇보다 지름이 50cm가 넘어 불가사리 역사상 최대급이니 말이다. 꿈틀꿈틀 움직이는 팔은 모두 16개나 된다. 당신의 기량을 뽐내기 위해 이 만큼 좋은 게 없을 것 같다.

그런데 물론, 실제로 '불가사리 던지기' 같은 건 유행한 적이 없다. 그리고 불가사리가 불쌍하니까 절대 따라 하지 않았으면 좋겠다. 하지만 헬리안타스테르는 실존했던 불가사리이므로 이번 기회에 꼭 기억해 주기를.

지금까지 보고된 바에 따르면 헬리안타스테르는 데본기의 독일에 서식했으며, 같은 해역에 서식했던 종류로는 신데르하네스(116쪽 참조)나 미메타스테르(118쪽 참조), 드레파나스피스(134쪽 참조) 등이 있다. 불가사리의 친척 화석도 많이 발견되고 있고, 헬리안타스테르만큼은 아니더라도 지름이 20cm가 넘는 종도 있었다는 사실이 확인되었다. 던지기 놀이와는 관계없이 그 크기를 직접 내 눈으로 확인하고 싶구나.

드레파나스피스

【*Drepanaspis gemuendenensis*】

분류	척추동물, 무악류, 익갑류, 이갑류
산출지	독일
전체 길이	70cm

데본기 　약 4억 1,900만 년 전~약 3억 5,900만 년 전

윗면

옆면

앞면

데본기의 바다

"나이스!"

라켓을 움켜쥐고 몸의 중심을 맞춘다. 공의 궤도와 상대의 위치를 확인한다.

길었던 경기도 이제 끝이다. 이런 생각에 빠져있는 그녀는… 자신이 라켓이 아닌 무언가를 들고 있음을 눈치채지 못하고 있다.

그녀의 손에 들려 있는 것은 드레파나스피스 게무엔데넨시스(*Drepanaspis gemuendenensis*)다. 비

숫해 보이지만 드레파나스피스는 당연히 라켓이 아니다. 무악류, 즉 턱이 없는 어류에 속한다.

드레파나스피스는 머리와 몸통이 넓적한 것이 특징이고, 등과 양 옆면에는 뼈로 된 골성판이 있다. 이 골성판 주변은 작은 뼛조각들로 빼곡하다. 전체적으로 머리와 몸통은 현생의 대부분 어류나 이 책에 등장하는 몇몇 멸종어류와 비교했을 때 '스펙' 자체가 단단하다(…이 단단한 부분으로 받아친다면 공을

상대편 코트로 넘길 수 있을지도 모르겠다).

드레파나스피스 화석은 독일의 데본기 지층에서 다수 발견되고 있다. 저 여성이 쥐고 있는 개체는 발견된 화석 중에서는 큰 편이며, 대부분은 이것의 절반 정도 크기다. 드레파나스피스는 멸종했다. 그러니 실수로라도 라켓으로 사용할 일은 없다. 하지만 화석은 물론이고, 만약 살아있는 개체를 발견하더라도 스포츠 용품으로 사용하지는 마시기를.

케팔라스피스

【*Cephalaspis pagei*】

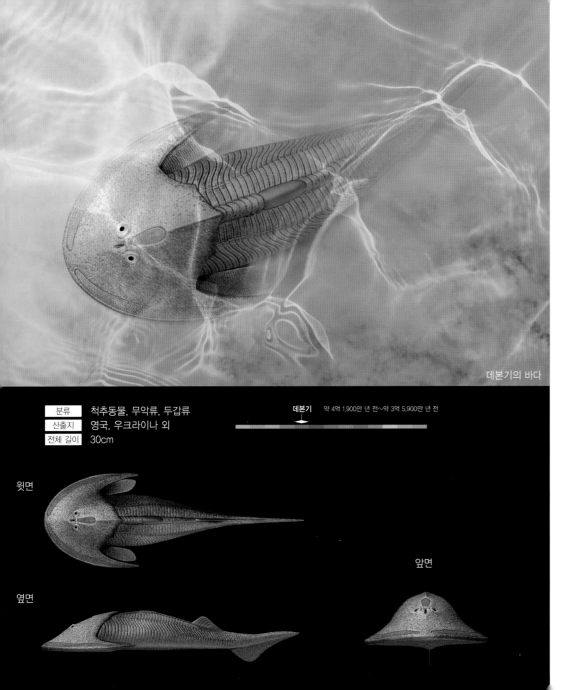

데본기의 바다

분류	척추동물, 무악류, 두갑류
산출지	영국, 우크라이나 외
전체 길이	30cm

데본기   약 4억 1,900만 년 전~약 3억 5,900만 년 전

윗면

앞면

옆면

슬리퍼를 신으려는데, 옆에 뭔가 낯선 동물이 있었다. 비슷하다. 아마 자기와 비슷하게 생긴 물건 옆에 있는 게 안심이 되나 보다. 뭐, 보시다시피 이 동물을 신을 수는 없지만 말이다.

슬리퍼를 닮은 이 동물은 케팔라스피스 파게이(*Cephalaspis pagei*)인가…. '인가'라고 의문시한 이유는 '케팔라스피스'와 닮은 동물이 많고, 근연종까지 포함하면 60속 214종이나 있어 구분하기가 여간 어렵지 않기 때문이다. 케팔라스피스 파게이도 다른 속이 아니냐는 견해가 있을 정도다. 뭐 여기서는 "케팔라스피스의 친척이겠지" 하는 정도로 생각해주면 감사하겠다.

자, 케팔라스피스는 무악류, 즉 '물고기와 동족'이다. 원래는 이렇게 방 안을 돌아다닐 수 없다. 그야말로 슬리퍼처럼 바닥이 판판하고 또, 눈이 거의 하늘을 향해 있는 특징 때문에 해저 부근을 헤엄쳐 다녔을 것으로 추정된다. 뇌 구조 연구가 이루어진 몇 안 되는 멸종 무악류 중 하나이기도 하고, 평형감각이 취약했다는 의견도 있다. 이것도 3차원적인 움직임이 필요한 바다 '한가운데'보다는 2차원적인 움직임으로 대응 가능한 바다 '밑바닥'에서 생활했음을 시사한다고 할 수 있다.

머리 부분의 가장자리와 '이마'의 질감이 다른 부분에는 신경이 발달해 있어서 일종의 감각기관이 있었을 것으로 추정된다.

보트리오레피스

【*Bothriolepis canadensis*】

데본기의 바다

분류	척추동물, 판피류, 동갑류(胴甲類)
산출지	캐나다
전체 길이	45cm

데본기   약 4억 1,900만 년 전~약 3억 5,900만 년 전

앞면

옆면

바이올린 옆에 처음 보는 동물이 떡하니 있다. 크기는 바이올린보다 약간 작은 정도. 표면이 거칠거칠하고 단단해서 손에 쥐기는 좋겠지만, 당연히 이 동물은 바이올린과 같은 음색은 내지 못한다. 이 동물의 이름은 보트리오레피스 카나덴시스(*Bothriolepis canadensis*)다. 지금은 멸종된 어류인 '판피류(板皮類)'에 속한다. 보트리오레피스는 머리와 몸체 부분이 골질성의 갑옷으로 덮여 있는 전형적인 갑피류다. 몸통(胴甲)에서 가슴지느러미 같기도 하고 팔 같기도 한 구조가 뻗어 나와 있는 게 특징이며, 이 '가슴지느러미' 역시 골질성 갑옷으로 덮여 있다.

현재까지 보고된 바로는, 보트리오레피스는 데본기 전기에 등장했고, '가장 성공한 갑피류'라 일컬어질 정도로 다양화와 번영을 이룬 물고기이다. 보트리오레피스 카나덴시스 외에도 다양한 보트리오레피스 속이 보고된 바 있고, 그 수는 100종이 넘는다고 한다. 종에 따라 몸통(胴甲)의 구조나 크기 등이 다르고, 개중에는 전체 길이가 1m 이상인 것도 있었다.

실제 보트리오레피스는 물고기이고 수생종이다. 단, 폐로 호흡했을지 모른다는 견해도 있다. 근연종 중에는 체내 수정을 했을 것으로 보이는 종도 있다고 하고…, 아무튼 보트리오레피스는 이야깃거리가 끊이지 않는다.

둔클레오스테우스

【*Dunkleosteus terrelli*】

데본기의 바다

데본기   약 4억 1,900만 년 전~약 3억 5,900만 년 전

앞면

옆면

"오늘 이렇게 '둔클레오스테우스 요트 관람 투어'에 참가해주신 여러분 감사합니다. 바로 저기 머리를 내밀고 있는 것이 '판피류' 둔클레오스테우스입니다. 여러분은 운이 참 좋네요. 흔한 경험이 아닌데 말이죠. 아, 하지만 절대 배 밖으로 몸을 내밀면 안 됩니다. 둔클레오스테우스는 사나운 육식동물이거든요. 이빨처럼 보이는 골판으로 당신의 몸을 와작 두 동강 내서 먹어치울지도 모릅니다. 만약 그런 일이 발생해도 저희 회사는 계약서대로 아무런 책임을 지지 않습니다. 다시 말씀드립니다. 제발, 몸을 배 밖으로….'

둔클레오스테우스 테렐리(*Dunkleosteus terrelli*)는 성질이 사나워 동종끼리도 가차 없이 잡아먹었을 것이다. 먹이를 씹는 힘은 백상아리에 비할 바가 아니며, 만약 '둔클레오스테우스 관람 투어'에 참가한다면 안내 방송처럼 목숨을 걸 각오를 해야 한다.

현재까지 둔클레오스테우스는 길이가 1m 이상인 거대한 두흉부 화석이 발견된 적은 있지만, 이후의 화석은 전혀 보고된 바가 없다. 때문에 전문가마다 추측하는 전체 길이에는 차이가 있다. 어떤 이는 6m라고도 하고, 어떤 이는 8m, 또는 10m라고도 한다. 하지만 이중 가장 작은 6m도 고생대에서는 최대급이다. 둔클레오스테우스는 데본기 후기의 해양 세계에서 군림했을 것으로 보이며, 판피류의 대표종으로 유명하다.

클라도셀라케

【Cladoselache fyleri】

분류	척추동물, 연골어류
산출지	미국
전체 길이	2m

데본기 약 4억 1,900만 년 전~약 3억 5,900만 년 전

윗면

옆면

데본기의 바다

"와, 이것 좀 봐! 이상하게 생긴 상어가 헤엄치고 있어!" 아이의 이런 목소리가 들릴 것만 같다.

아이의 손끝이 가리키고 있는 수족관 안에는 두 마리의 물고기가 헤엄치고 있다. 앞쪽에 있는 커다란 상어는 샌드타이거 상어로 현생종이다. 상어인데 '타이거'라니? 물론 이것도 궁금하겠지만, 이 수족관에는 아이의 말대로 약간 이상한 물고기가 있다. 샌드타이거 상어보다 조금 더 수면 가까이에서 헤엄치고 있는 녀석의 이름은 클라도셀라케 필레리

(*Cladoselache fyleri*)다. 샌드타이거 상어를 비롯한 상어류처럼 연골어류에 속하고, 그래서 '가장 오래된 상어' 중 하나로 유명하다. 샌드타이거 상어와 클라도세라케를 비교해 보면, 우선 몸의 생김새 차이가 눈에 띈다. 큰 차이점 중 하나는 입의 위치인데, 샌드타이거 상어는 입 윗부분이 길어 입을 덮은 것처럼 보이지만 클라도세라케는 가장 튀어나온 부분에 입이 있다. 하지만 지느러미의 형태나 유선형 몸체는 서로 닮았다.

샌드타이거 상어류 정도는 아니라고 해도 클라도세라케 역시 뛰어난 기능의 소유자였을 것이다. 상승 능력, 방향회전 능력, 급제동 능력이 훌륭했을 것으로 추정된다.

클라도세라케는 최대 2m까지 성장했다고 알려져 있는데, 샌드타이거 상어와 비교해도 짐작할 수 있듯 상당한 크기다. 그들이 헤엄치던 데본기에는 더더욱 말이다.

미구아샤이아

【Miguashaia bureaui】

분류	척추동물, 육기어류(肉鰭魚類), 실러캔스류
산출지	캐나다
전체 길이	40cm

데본기   약 4억 1,900만 년 전~약 3억 5,900만 년 전

옆면

앞면

데본기의 호수와 늪

귀한 생선이 생겼으니 요리 좀 해볼까?

오늘 캐나다에서 미구아샤이아 부레아우이(Mi-guashaia bureaui)가 도착했다. 미구아샤이아는 실러캔스류의 친척이다. '실러캔스류'라 하면 인도네시아의 술라웨시 섬 근해나 아프리카 동해 난바다에 서식하는 라티메리아(Latimeria: 일반적으로 '실러캔스'라고 불리는 종류)가 유명하다. 미구아샤이아는

라티메리아보다 등지느러미가 한 개 적다. 또 꼬리지느러미 모양도 다르다. 미터급 크기인 라티메이아에 비하면 미구아샤이아는 꽤 아담해서 이렇게 통째로 프라이팬에 올려 요리도 할 수 있다.

라티메이아는 악취가 심해서 먹을 수 없다는 얘기도 있다. 자, 그렇다면 미구아샤이아는 어떨까?

지금까지 보고된 바에 따르면, 미구아샤이아는

가장 초기의 실러캔스류라고 알려져 있다. 라티메이아가 해양 종인데 반해 미구아샤이아는 담수 환경에서 살았던 것 같다. 캐나다에서 발견되는 미구아샤이아 부레아우이 외에도 라트비아에서 동속별종이 발견되었다는 보고가 있다.

아, 안 돼 안 돼. 너 주려고 요리한 거 아니라고. 발치워! 하는 수 없군. 한 조각 줄 테니 잠깐 기다려.

유스테놉테론

【*Eusthenopteron foordi*】

분류	척추동물, 육기어류
산출지	캐나다
전체 길이	1m

데본기 약 4억 1,900만 년 전~약 3억 5,900만 년 전

윗면

옆면

앞면

데본기의 바다

아이들이 연못을 들여다보고 있는데 낯선 물고기 한 마리가 다가왔다. 분명 잉어는 아니다. 어뢰처럼 생긴 길쭉한 모습에 아이들도 호기심 어린 눈빛이다.

이 물고기의 이름은 유스테놉테론 푸르디(*Eusthenopteron foordi*). '육기어류'라는 그룹에 속한다. 같은 육기어류로는 실러캔스가 유명할 것이다. 하지만 유스테노프테론도 '중요도' 측면에서는 실러캔스에 뒤지지 않는다.

지금까지 보고된 바에 따르면, 그들이 살았던 데본기라는 시대는 육상 사족동물(척추동물의 상륙)이 확인되는 첫 시대이다. 유스테노프테론은 그 육상 사족동물 탄생의 '기점'이 되는 육기어류로 잘 알려져 있다.

외형만 보면 유스테노프테론의 모습은 완전히 물고기처럼 보이지만, 사실은 지느러미의 내부 구조가 기존의 다른 물고기들과 많이 다르다. 유스테놉테론의 지느러미에서는 위팔뼈(상완골), 노뼈(요골), 자뼈(척골)라는 뼈가 확인된다. 이들 뼈는 육상 사족동물의 팔을 구성하는 뼈이다. 바꿔 말하면 유스테놉테론은 지느러미 안에 팔이 있는 물고기인 것이다. 다만, 이들 뼈를 팔처럼 움직일 수는 없었을 것으로 추정되기 때문에, 예를 들면 '팔굽혀펴기'는 불가능했을 것 같다.

또한 꼬리 끝 가까이까지 척추뼈가 서로 연결되어 기둥처럼 곧게 쭉 뻗은 것(척주, 脊柱)도 유스테놉테론의 특징 중 하나다. 이는 도마뱀 등 꼬리가 있는 파충류와 공통된 특징이다. 유스테놉테론은 그야말로 육상동물 탄생 직전의 모습이었다.

히네리아

【Hyneria lindae】

데본기의 하천

옆면

앞면

어떤 여성이 스노클링을 즐기고 있는데, 옆으로 거대한 물고기가 유유자적 헤엄치고 있다. 육질이 있는 가슴지느러미와 위아래가 대칭인 꼬리지느러미. 이 여성은 어디선가 이 모습을 본 기억이 있다. 그렇다. 어렸을 적 연못에 있던 유스테놉테론이다.

하지만 그때 봤던 유스테놉테론은 이렇게 크지는 않았다. 어렸을 적 자신의 체구와 비슷하거나 어쩌면 더 작았던 것 같기도 하다. 적어도 이렇게 박력 넘치는 존재는 아니었다. 그도 그럴 것이 유스테놉테론과 아주 비슷한 이 물고기의 이름은 히네리아 린다이(*Hyneria lindae*)로, 전체 길이가 4m에 달하는 거대한 육기어류다.

지금까지 보고된 바에 따르면, 히네리아는 데본기의 하천에 살던 물고기다. 이 압도적으로 큰 몸체로 인해 하천 생태계의 정점, 혹은 상위에 있었을 것으로 추정된다.

하지만 히네리아는 수수께끼투성이다. 전신의 모습을 알 수 있는 화석이 아직 발견되지 않았기 때문이다. 여기서는 유스테노프테론 등을 참고로 복원했지만 사실 그 모습은 확실하지 않다. 단, 발견된 비늘 화석 하나만 해도 길이가 거의 5cm, 폭이 6cm에 달하는 걸로 봐서 틀림없이 거대 물고기였을 것이다.

육기어류는 예전부터 역사가 있는 그룹이며, 데본기 당시에는 이미 어느 정도 다양성을 획득했던 것으로 보인다.

판테리크티스

【*Panderichthys rhombolepis*】

데본기의 바다

"와아, 이거 좀 봐요. 물고기에요…!"

여자 아이가 들고 있는 우산 옆에서 물고기 한 마리가 팔딱거리고 있다. 아이는 진흙이 튀든 말든 상관없는 것 같다.

그건 그렇고, 물고기를 살펴보자. 요즘 물고기와는 조금 다른 것 같다. 그렇다. 녀석은 등지느러미가 없다.

이 물고기의 이름은 판데리크티스 롬볼레피스 (*Panderichthys rhombolepis*). 146쪽에서 소개한 유스테놉테론과 같은 '육기어류'라는 그룹에 속한다.

같은 육기어류라도 현생하는 실라캔스나 유스테놉테론과 비교하면 판데리크티스는 실루엣이 많이 다르다. 유스테놉테론은 몸체가 다른 대부분의 물고기처럼 세로로 납작한데 반해 판데리크티스는 마치 악어처럼 가로로 납작하다. 특히 머리가 더 많이 납작하고 눈은 등쪽에 붙어 있다. 이런 특징 역시 악어와 비슷하다. 수면 위로 얼굴을 빼꼼히 내밀고 주변을 살피기에 알맞은 구조인 것이다.

또한 판데리크티스는 등지느러미뿐 아니라, 배지느러미도 없다. 한편, 가슴지느러미 안에는 팔뼈와 손가락뼈가 있다. 다만 손가락뼈는 관절처럼 구부러지지 않아 '손'으로서의 기능은 발휘하지 못했을 것으로 추정된다. 즉, 땅을 '보행'하지는 못했다. 만약 당신이 길에서 팔딱이고 있는 판데리크티스를 발견한다면 가까운 호수나 강으로 돌려보내 주기를 부탁한다.

분류	척추동물, 육기어류
산출지	라트비아, 러시아
전체 길이	1m

데본기　약 4억 1,900만 년 전~약 3억 5,900만 년 전

앞면

윗면

옆면

틱타알릭

【*Tiktaalik roseae*】

데본기의 물가

분류	척추동물, 육기어류
산출지	캐나다
전체 길이	2.7m

데본기   약 4억 1,900만 년 전~약 3억 5,900만 년 전

앞면

윗면

옆면

아침 해가 떠오르는 모래사장… 한 여성 옆에 어떤 '거대한 녀석'이 있다. 녀석은 앞다리(?)를 쭉 뻗고, 여성처럼 팔굽혀펴기 자세를 하고 있다. 표정은 파충류 같지만 자세히 보면 꼬리에는 지느러미가 있다. 그렇다면… 물고기란 말인가?

녀석의 이름은 틱타알릭 로세아이(*Tiktaalik roseae*)이며, '육기어류'의 친척이다. 즉 물고기인 것이다. 앞다리처럼 보이는 것은 가슴지느러미, 그리고 뒷다리처럼 보이는 것은 배지느러미이다.

틱타알릭은 150쪽에서 소개한 판테리크티스와 마찬가지로 악어처럼 몸이 납작한 편이다. 그리고 가슴지느러미 안에는 사족동물의 위팔, 아래팔, 손목에 해당하는 뼈가 있었다. 게다가 이런 뼈는 서로 관절로 연결되어 유연하게 움직일 수 있었던 것으로 보인다. 또한 어깨뼈도 있었고, 커다란 가슴근육도 있었던 것 같다. 이런 특징으로 미루어 틱타알릭은 팔굽혀펴기를 할 수 있었다고 볼 수 있다.

지금까지 보고된 바에 따르면, 틱타알릭은 역사상 최초로 '팔굽혀펴기를 할 수 있었던 물고기'이다. 틱타알릭보다 원시적인 물고기들은 지느러미 안에 팔뼈가 있더라도 효과적으로 움직이지는 못했다. 그리고 틱타알릭보다 더 진화한 동물은 드디어 네발을 갖게 되었다.

앞 페이지에서 틱타알릭은 '완전히' 육지로 올라와 있다. 하지만 과연 실제로도 그랬는지는 알 수 없다.

아칸토스테가

【Acanthostega gunnari】

분류	척추동물, 육기어류? 양서류?
산출지	그린란드
전체 길이	60cm

데본기 4억 1,900만 년 전~약 3억 5,900만 년 전

윗면

옆면

앞면

데본기의 바다

아칸토스테가들이 일을 방해하고 있다. 아마 초기 사족동물 애호가들은 이런 고민을 한 번쯤 해봤을 것이다. 녀석들은 특히 나무가 우거진 숲 같은 광경을 좋아해 그런 사진에 반응을 한다. 그래서 디스플레이 화면을 바다 영상으로 바꾸면…, 잘만하면 스스로 수족관으로 돌아갈지도 모른다. 밑져야 본전. 한번 시도해 볼 가치는 있다.

아칸토스테가 군나리(Acanthostega gunnari)는 데본기 후기에 등장한 생명사상 최초의 '육상 사족동물'이다. 척추동물이기는 하지만 어류의 친척인 육기어류인지, 아니면 양서류인지는 정확하지 않다. 다만, 확실한 사족 구조인 것은 분명하며 게다가 발에는 8개의 발가락이 있는 게 특징이다.

아칸토스테가는 네 개의 다리가 있지만 구조는 빈약했다는 지적이 예전부터 있었다. 때문에 육상에서 중력에 맞서 몸을 지탱하지는 못했던 게 아닐까 하는 견해도 있다. 따라서 가령 아칸토스테가가 4억 년 가까이 시간을 '점프'해 지금 여기에 나타난

다 해도, 우리가 지상에서 일하고 있다면 방해 받을 일은 없을 것이다.

아칸토스테가의 몸 전체 길이는 60cm 정도였던 것으로 보인다. 하지만 2016년에 발표된 새로운 연구에서는 기존에 알려진 아칸토스테가의 화석은 모두 유체(幼體, 유생과 성체의 중단 단계-옮긴이)라는 지적이 나왔다. 따라서 이 종이 대체 어느 정도까지 성장하고, 성체가 어떤 모습이었는지는 밝혀지지 않은 상태다.

이크티오스테가

【*Ichthyostega stensioei*】

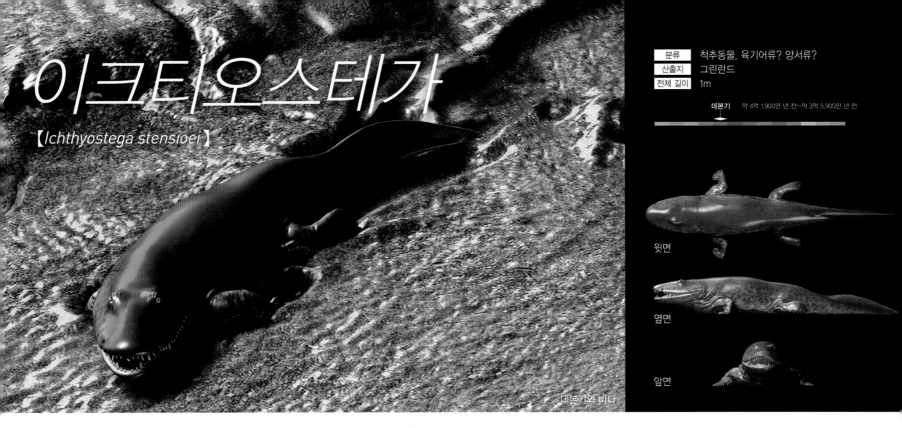

분류	척추동물, 육기어류? 양서류?
산출지	그린란드
전체 길이	1m

데본기 약 4억 1,900만 년 전~약 3억 5,900만 년 전

윗면

옆면

앞면

데본기의 바다

"어서 오세요." 이런 목소리가 들려올 것만 같다. '운치 있는 다다미방'에서 일본 여인이 맞이해주는… 줄 알았는데, 나를 환영하는 건 여인만이 아닌 것 같다. 그 옆에는 왠지 위험해 보이는 동물도 있다.

이 동물의 이름은 이크티오스테가 스텐시오이(*Ichthyostega stensioei*). 육기어류 혹은 양서류라고 알려진 척추동물이다. 튼실한 네 발이 있고, 날카로운 이빨도 많다. 154쪽에서 본 아칸토스테가에 비하면 그 존재감이 압도적이라 아칸토스테가처럼 책

상 위에 두기에는 어려울 것 같다. 이크티오스테가 옆에서 미소 짓고 있는 여인은 속으로 무슨 생각을 하고 있을까?

하지만 이크티오스테가에 대해 필요 이상으로 경계심을 가질 필요는 없다. 날카로운 이빨이 있기는 하지만 녀석들은 육지에서 걷는 게 그다지 능숙하지 않다. 튼실한 네 발과 튼튼한 갈비뼈(늑골)가 있어 중력에 맞설 수는 있지만 움직임에는 제약이 많았다. 특히 몸을 유연하게 움직이며 재빨리 걷지는

못한 것 같다.

지금까지 보고된 바에 따르면, 이크티오스테가는 아칸토스테가와 같은 시대에 살았던 동물이며, '최초의 사족동물'은 아니지만 '아주 초기에 육상에 진출한 사족동물'로 알려져 있다. 다만 커다란 꼬리지느러미가 있어 주로 수중 생활을 했을 거라는 견해도 있다. 지금까지 여러 개체가 발견되었지만 앞발은 발견된 적이 없기 때문에 사실 발가락의 개수는 확실하지 않다.

아르카에옵테리스

【*Archaeopteris obtuse*】

데본기의 육지

분류	양치식물, 원겉씨식물
산출지	캐나다
전체 길이	10m 이상

　교토. 이 예스러운 거리 풍경을 보고 옛 생각에 잠긴 사람도 있을 것이다. 학창시절에 수학여행을 간 적이 있거나 앞으로 방문할 계획이 있는 사람도 많을 것이다.

　과연 일본의 '고도'답다. 주택들이 늘어선 거리 곳곳에 상당히 나이가 많아 보이는 나무들이 남아 있다. 특히 아무리 세상이 넓다지만 아르카에옵테리스의 친척이 있는 거리는 그리 흔한 게 아니다. 아르카이오프테리스는 데본기 중기에 출현했다고 알려진 식물인데, 식물들의 조상이라 일컬어진다. 아르카에옵테리스라는 속명을 갖는 종은 여럿 있으며, 교토 거리에 있는 것은 캐나다에서 화석이 발견된 아르카에옵테리스 옵투세(*Archaeopteris obtuse*)이거나 그 근연종인 것으로 보인다. 아르카에옵테리스류는 줄기의 지름이 1m가 넘고 키는 10m에 달했을 것이라고 한다(20m라는 주장도 있다). 즉, 교토 거리에 남아 있는 이 나무들은 지구 역사상 초기 삼림인 것이다. 그래, 교토에 가자.

　하지만 아르카에옵테리스는 석탄기에 멸종되었으므로 오늘날의 교토에서는 당연히 볼 수가 없다. 아르카에옵테리스가 속한 원겉씨식물도 멸종 그룹이다. 아르카에옵테리스에서 시작된 '육상 삼림의 역사'는 그 후로도 면면히 이어져 '지구의 초록 풍경'은 데본기 이후 육상의 주역이 되어 갔다. 우주에서 바라본 이 별의 색에 본격적으로 '녹색'이 추가된 것은 아르카에옵테리스 무렵부터 시작된 이야기이다.

석탄기 Carboniferous Period

곤충과

대삼림의 시대이다. 약 3억 5,900만 년 전에 시작된 고생대 다섯 번째 시기인 석탄기. 석탄기부터 생명의 진화 스토리가 지상 세계에서 본격적으로 펼쳐진다.

이 시대에 척추동물은 완전히 육지에 상륙했지만 아직 커다란 '세력'을 구축하지는 못했다. 이런 세계에서 번영을 구가한 것은 절지동물이다. 천적이 없는 육지에서 그들은 몸집을 키워나가며 그들만의 세상을 누렸다.

석탄기의 숲을 '대삼림'이라 표현한 것은 결코 과장이 아니다. 세상 곳곳은 '거목'이라는 말로도 부족한 거대한 나무들로 우거져 있었다. 이 나무들은 훗날 인류의 산업혁명을 가능하게 한 석탄의 재료가 되었고, 그래서 이 시대의 이름은 석탄기가 되었다.

아르트로플레우라

【*Arthropleura armata*】

석탄기의 삼림

분류	절지동물, 다족류
산출지	미국, 캐나다, 프랑스 외
전체 길이	2m

석탄기 약 3억 5,900만 년 전~약 2억 9,900만 년 전

옆면

횡단보도를 건너고 있는데 건너편에서 뭔가가 기다란 몸을 끌고 꿈틀거리며 다가온다. 녀석의 이름은 아르트로플레우라 아르마타(Arthropleura ar-mata). '역사상 가장 큰 육상 절지동물'이다. 수생종과 비교해도 2m나 되는 크기의 절지동물은 유일할 것이다. 녀석은 다족류… 즉, 지네의 친척으로 분류된다.

아르트로플레우라 속에는 여러 개의 종이 분류되어 있다. 그중에서도 큰 것은 전체 길이가 2m를 넘었던 것 같다. 다리(부속지)의 총 개수는 30쌍, 60개에 달한 것으로 추정된다. 다리가 많고 꿈틀거리는 생물을 꺼려하는 사람은 가까이 가지 않는 편이 좋을 것이다. 하지만 아르트로플레우라는 초식성으로 알려져 있어 어지간히 배가 고프지 않는 한 사람을 덮치지는 않았을 것 같다. 다만 아르트로플레우라는 몸체가 납작하니 깜박하고 밟지 않도록 조심하기 바란다. 녀석의 '반격'에는 책임질 수 없다.

그런데 어째서 이렇게 긴 몸통을 가진 육상 절지동물이 등장했고, 그 뒤로는 출현하지 않은 걸까? 보고된 바에 따르면, 아르트로플레우라가 살았던 고생대 석탄기에는 땅 위를 기어 다니는 아르트로플레우라뿐만 아니라 하늘을 나는 곤충류 중에도 거대 종이 있었다. 그들의 몸집이 컸던 이유로는 식물이 거대하게 자랄 수 있었던 기후여건과 당시 지상에 천적이 될 만한 대형 척추동물이 거의 없었던 점을 들 수 있다.

163

메가네우라
【*Meganeura monyi*】

분류	절지동물, 곤충류
산출지	캐나다
전체 길이	70cm

석탄기 　약 3억 5,900만 년 전~약 2억 9,900만 년 전

옆면

윗면

석탄기의 삼림

곤충채집을 나왔던 여자아이가 잠자리의 크기에 너무 놀라 그 자리에 얼어붙고 말았다. 유감스럽게도 아이가 들고 있는 잠자리채로는 잡을 수 없을 것 같다. 이 잠자리의 이름은 메가네우라 모니(*Meganeura monyi*)다.

메가네우라는 날개를 펼쳤을 때의 너비가 70cm나 되는 거대 잠자리다. 알려진 바로는 가장 큰 곤충이며 고생대 석탄기에만 살았다고 한다. 왜 메가네우라가 이렇게나 거대해졌는지에 대해서는 몇몇 가설이 있다.

그중 하나는 당시 대기의 산소 농도가 현재보다 높았던 것과 관계가 있을지도 모른다는 설이다. 산소 농도가 높으면 동물은 대형화하기 쉽다. 또한 공기의 '점성'이 높아 날개 달린 곤충은 부력을 얻기 쉬웠을 가능성도 있다고 한다.

천적이 없었던 것도 그들에게는 행운이었음에 틀림없다. 척추동물은 석탄기에 육지로 올라왔지만 활동 무대는 물가와 지상이었다. 나무 위 생활이 가능

한 종도 있었던 것 같으나 그 수는 결코 많지 않았다. 무엇보다 조류는 물론 익룡류까지 하늘을 나는 생물은 없었다. 천적이 없는 하늘에서 메가네우라의 대형화를 방해하는 존재는 없었던 것이다.

무엇보다 '잠자리'라고는 하지만 그들은 현재 지구에 서식하는 잠자리와는 다른 '원잠자리류'라는 그룹에 속한다. 그들은 후손을 남기지 않고 자취를 감추었다.

아크모니스티온

【Akmonistion zangerli】

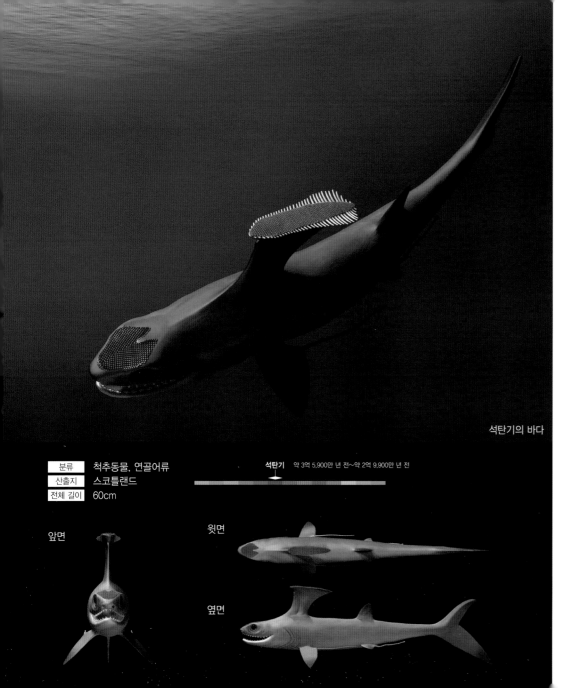

석탄기의 바다

분류	척추동물, 연골어류
산출지	스코틀랜드
전체 길이	60cm

석탄기 약 3억 5,900만 년 전~약 2억 9,900만 년 전

앞면

윗면

옆면

"잡았다~!" "응? 그런데 이게 뭐지?!" 어쩌면 이 아이는 아크모니스티온을 잡아본 적이 없나 보다. 아빠는 아이의 반응을 예상하고 있었다.

아크모니스티온 장게를리(*Akmonistion zangerli*)는 연골어류로 분류된다. 상어의 친척이라 할 수 있다. 연골어류라는 그룹은 크게 판새류(瓣鰓類)와 전두류(全頭類)로 세분되는데, 상어나 가오리가 판새류이고 아크모니스티온은 전두류(은상어의 친척)에 속한다.

아크모니스티온의 가장 큰 특징은 기묘한 형태의 '첫 번째 등지느러미'이다. 등 위에 높고 크게 뻗어 있으며 윗면이 평평하고 넓다. 이 첫 번째 등지느러미는 손으로 쉽게 잡을 수 있을 것처럼 보이지만, 평평한 윗면을 조심해야 한다. 작은 가시들이 촘촘히 박혀 있기 때문이다. 낚시에 성공했다고 기뻐서 맨손으로 만졌다가는 생각지도 않은 상처를 입게 될지 모른다. 가시는 머리 윗부분에도 있어 여기도 조심해야 한다. 붙잡을 때는 아가미 주변을 밑에서부터 꽉 잡는 게 좋을 것이다. 물론 아이한테만 맡기는 건 위험하므로 어른이 도와주어야 한다.

지금까지 보고된 바로는, 아크모니스티온은 고생대 석탄기의 스코틀랜드 주변에 서식했다. 석탄기는 연골어류가 다양해진 시대로 알려져 있다. 크고 작은 다양한 모습의 연골어류가 등장해 각지에서 크게 번성했다. 아크모니스티온은 이러한 연골어류 중에서도 대표적인 존재다.

팔카투스

【*Falcatus falcatus*】

분류	척추동물, 연골어류
산출지	미국
전체 길이	20cm

석탄기 약 3억 5,900만 년 전~약 2억 9,900만 년 전

수컷 앞면　수컷 옆면

암컷 앞면　암컷 옆면

석탄기의 바다

"이것 봐, 이상하게 생긴 물고기가 있어~."

여자아이가 수족관을 가리키고 있다. 그 모습을 바라보는 엄마 아빠의 표정에 미소가 피어난다. 흐뭇한 광경이다.

하지만 이런 경우는 엄마 아빠도 수족관 속 풍경에 관심을 갖는 게 좋을 것이다. 조금 희한하게 생긴 물고기를 구경하려면 말이다. 이 물고기의 이름은 팔카투스 팔카투스(*Falcatus falcatus*)이다. 상어

처럼 연골어류로 분류되는 물고기다.

팔카투스의 무엇이 '조금 희한한가' 하면 바로 머리다. 머리 뒷부분에서 위로 솟던 돌기가 갑자기 90도 가까이 앞으로 꺾여 있다. 166쪽에서 소개한 아크모니스티온도 상당히 별나게 생긴 연골어류였지만 팔카투스도 그에 못지않다.

이 돌기는 수컷이 암컷에게 자신을 어필하기 위해 사용했을 거라는 의견이 있다.

또한 다른 연구 결과에 의하면, 아크모니스티온이나 팔카투스의 '독특한 구조'는 새끼를 잉태시킬 만큼 성장한 개체에서만 확인된다는 주장도 있다. 즉 '어른 수컷이라는 증거'라는 것이다.

과연 돌기의 역할은 '성적인 과시'였을까? 이 주장이 맞는지 녀석의 옆으로 (암컷으로 보이는) 돌기가 없는 팔카투스가 다가왔다. 그의 노력이 성공한 걸까?

크라시기리누스

【*Crassigyrinus scoticus*】

석탄기의 호수와 늪

분류	척추동물, 양서류
산출지	영국
전체 길이	2m

석탄기 약 3억 5,900만 년 전~약 2억 9,900만 년 전

윗면

앞면

옆면

어떤 수족관의 '돌고래 쇼'에 최근 새로운 친구가 합류했다. 돌고래들과 비슷한 몸집을 가진 새 친구의 이름은 크라시기리누스 스코티쿠스(*Crassigyrinus scoticus*)다.

크라시기리누스는 얼굴과 모습이 독특한 동물이다. 전체 길이가 2m로 상당히 크다는 것만 빼면 '곰치에 가깝다'고 할 수 있을지 모른다. 하지만 곰치의 주둥이는 뾰족한데 반해 크라시기리누스는 뭉툭하다.

얼굴을 자세히 보면 사랑스럽기까지 하다. 눈이 크고, 입도 크고, 그야말로 친근하고 익살스럽다. 어린이들에게 인기가 있을 얼굴이다.

하지만 조련사는 아마 훈련을 시키면서 목숨을 걸어야 했을 것이다. 무엇보다 커다란 입에는 날카로운 이빨이 잔뜩 나 있고, '엄니'라 불러도 될 만큼 커다란 이빨도 여럿 있다. 위험하기 그지없는 녀석이다.

아까 크라시기리누스의 모습은 '뭉툭한 입을 가진 곰치에 가깝다'고 했는데, 자세히 보면 입 말고도 결정적인 차이가 있다. 그건 비록 작지만 네 개의 발이 달렸다는 점이다. 이 작은 네 발이 대체 어떤 역할을 했는지는 모르겠다. 아무튼 육지에서 이동하는 데 도움이 된 것 같지는 않다. 참고로 이 동물은 양서류로 분류된다. 물론 멸종되었기 때문에 현실에서는 어느 수족관에서도 만날 수 없다는 사실을 알아두기를.

페데르페스

【*Pederpes finneyae*】

분류	척추동물, 양서류
산출지	영국
전체 길이	1m

석탄기　약 3억 5,900만 년 전~약 2억 9,900만 년 전

앞면

옆면

석탄기의 물가

이 광경을 보고 "다 모였네!" 한다면, 당신은 상당한 '전문가'이다.

왼쪽 앞은 육기어류인 유스테놉테론, 가운데 안쪽에 있는 것은 마찬가지로 육기어류인 판데리크티스, 오른쪽 뒤편에는 육기어류인 틱타알릭, 그리고 오른쪽 앞에는 양서류인 아칸토스테가, 가운데 앞바위 위에 있는 것은 양서류 이크티오스테가, 그리고 왼쪽 높은 바위 위에 올라가 있는 것은 양서류인 페데르페스 피네예(*Pederpes finneyae*)이다.

이렇게 시계 방향으로 소개한 것은 물론 이유가 있다. 이 순서는 척추동물의 '상륙이라는 대진화'의 발자취를 따른 것이다. 각 종은 각각의 단계를 대표하는 존재이며, 마지막에 소개한 페데르페스는 사상 최초로 땅 위를 '보행'한 동물로 잘 알려져 있다. 네 발의 발가락이 똑바로 앞을 향하고 있어 효율적으로 걸을 수 있었다.

이 풍경은 척추동물이 진화해 온 역사의 집합체이다. 물론 현실 세계에서는 있을 수 없다. 여기서 소개한 여섯 종 가운데 서식 장소가 겹치는 것은 아칸토스테가와 이크티오스테가 정도이다. 나머지는 서식 장소가 각국에 흩어져 있었다. 또한 '최초의 종'인 유유스테놉테론과 '최종의 종'인 페테르페스 사이에는 약 2,000만 년이라는 시간차가 있다.

그래도 만약 당신이 이 풍경을 직접 목격할 기회가 있다면… 반드시 사진으로 남길 수 있기를 바란다.

힐로노미스

【*Hylonomis lyelli*】

분류	척추동물, 파충류
산출지	캐나다
전체 길이	30cm

석탄기 약 3억 5,900만 년 전~약 2억 9,900만 년 전

앞면

윗면

옆면

석탄기의 시길라리아 구멍 안

나무통을 집으려고 손을 뻗는데… 뭔가가 있다! 앗, 도마뱀이다! 이렇게 생각하는 것도 무리는 아니다. 몸속 구조는 어떻든 겉모습은 현생 도마뱀과 똑같은 이 동물은 힐로노미스 리엘리(*Hylonomis lyelli*)다.

현재까지 보고된 바로, 힐로노미스는 '가장 초기의 파충류'로 알려져 있다. 힐로노미스가 등장하기 수천만 년 전, 약 3억 7,000만 년 전(데본기 후기)에 척추동물은 본격적인 육상 진출을 시작했다. 그 전까지 척추동물의 생활 무대는 거의 수중이었지만,

이 무렵을 기점으로 육상에서도 활동하게 된 것이다. 다만 '육상에서 활동'했다고는 하지만 초기의 육상 척추동물들은 물가를 떠나지 못했다. 왜냐하면 그들이 낳은 알에는 껍데기가 없어 건조한 환경에 아주 취약했기 때문이다. 때문에 산란은 수중에서 해야 했다.

이런 점에서 석탄기에 등장한 힐로노미스는 안심(?)할 수 있었다. 힐로노미스의 알 자체는 아직 발견되지 않았지만 추측하건대 껍데기가 있었을 것으로 보인다. 힐로노미스 이후 척추동물은 물가를 떠

나 생활할 수 있게 되었다. 그런 의미에서 힐로노미스는 '기념비'적인 동물이라 할 수 있다.

힐로노미스의 화석은 봉인목(178쪽 참조)의 구멍 안에서 발견되고 있기 때문에, 나무의 구멍을 둥지로 삼았을 가능성도 있다고 한다. 그래서 현대의 나무통에 친근감을 느꼈는지 모르겠다. 혹시 그 화석이 나무 구멍으로 떨어졌다가 나오지 못하고 죽은 어떤 힐로노미스일 가능성도 생각해 볼 수 있다.

툴리몬스트룸

【*Tullimonstrum gregarium*】

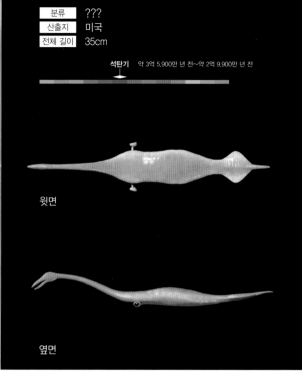

분류	???
산출지	미국
전체 길이	35cm

석탄기 약 3억 5,900만 년 전~약 2억 9,900만 년 전

윗면

옆면

석탄기의 바다

"어떠세요? 오늘은 아주 물 좋은 녀석이 들어왔어요. 이 오징어는 바로 회로 쳐서 먹을 수 있답니다. 툴리 몬스터도 지금이 제철이에요. 오늘은 세트로 드셔보는 게 어때요? 네? 툴리 몬스터를 모른다고요? 흐음, 일리노이 인근에서는 유명한데. 오징어랑 같이 먹으면 또 이게…."

툴리 몬스터는 툴리몬스트룸 그레가리움(Tullimonstrum gregarium)이라는 정식 명칭이 있다. 미국에서는 일리노이 주의 '주립 화석'으로 지정되어 있다.

그렇다. 툴리몬스트룸은 '화석'이며, 일리노이 주 최대 도시인 시카고 근교에서 발견되었다. 전체적으로 납작하고 가늘고 긴 형태이며, 한쪽은 튜브처럼 길게 뻗은 데다 끝부분에 가위 모양의 구조가 있고, 다른 한쪽은 지느러미가 있다. 재미있는 것은 눈이다. 몸통에서 돌출한 길고 가는 축의 끝에 달려 있다.

툴리몬스트룸은 수생동물이다. 다만, 그 이상은 밝혀진 것이 없다. 1966년에 이 동물의 화석이 보고된 이후 오랫동안 분류가 불가능한 것으로 여겨졌

다. 그야말로 정체불명의 몬스터(괴물)였던 것이다. 참고로 '툴리 몬스터'의 '툴리'는 이 화석을 발견한 프랜시스 툴리의 이름을 딴 것이다.

2016년이 되어서야 물고기의 친척(무악류)일지 모른다는 논문이 발표되었다. 하지만 2017년에 그 논문을 부정하는 논문이 나왔다. 수수께끼는 여전히 수수께끼로 남아 있다. 그래서 과연 이 책에서 묘사한 복원이 맞는지조차 알 길이 없다.

레피도덴드론
【Lepidodendron】

시길라리아
【Sigillaria】

칼라미티에스
【Calamities】

석탄기의 삼림

분류	석송인목류
산출지	세계 각지
전체 길이	40m

분류	석송인목류
산출지	세계 각지
전체 길이	30m

분류	양치식물속새류
산출지	세계 각지
전체 길이	20m

다른 곳보다 도시의 온도가 높아지는 열섬 현상. 대책으로는 가로수를 심는 게 효과적이라 한다. '이왕이면' 하고 극동의 대도시가 선택한 방법은 도시를 정글로 만드는 것이었다. 그리고 '이왕이면' 하고 태곳적 나무를 부활시키기로 했다.

이리하여 대도시에서 부활한 나무는 예상보다 훨씬 컸다. 이 나무들의 이름은 키 순서대로 레피도덴드론(Lepidodendron), 시길라리아(Sigillaria), 칼라미티에스(Calamities)라고 한다(속명 다음의 종소명[種小名]은 아직 정해지지 않았다). 나무줄기의 모양이 각각 '물고기 비늘', '문서를 봉할 때 사용하는 봉인', '갈대'와 닮았다고 하여 '인목(鱗木)', '봉인목(封印木)', '노목(蘆木)'이라고도 한다. 모두 석탄기의 세계 곳곳에서 울창하게 자랐던 식물들이다.

레피도덴드론과 시길라리아는 석송의 친척이고, 칼라미티에스는 속새의 친척이다. 현생 석송은 키가 20cm 정도, 속새는 80cm 정도밖에 되지 않지만, 석탄기의 이 3종은 현생종과 비교하는 것 자체가 의미가 없을 만큼 엄청난 거대 식물이었다.

석탄기에 이런 거목 식물들이 만들어낸 대삼림은 훗날 석탄이 되어 인류의 산업혁명을 지탱하는 연료가 되었다. 대도시에 거대식물을 부활시킨 프로젝트는 결국 이 식물들도 석탄이 되어 미래의 자원으로 활용할 수 있음을 당당하게 전한다(하지만 지금도 석탄 매장량이 불안한 것은 아니다).

뭐, 이런 프로젝트가 있다면 여러분이 흥미로워할까?

페름기 Permian Period

고생대 가 드디어 최후의 시대로 돌입한다. 이 시대에는 단궁류(單弓類, Synapsid)가 엄청난 세력을 형성하며 포유류로 가는 길을 열었다. 약 2억 9,900만 년 전에 시작해 약 2억 5,200만 년 전까지 지속된 이 시대의 이름은 페름기다.

캄브리아기가 시작되고 3억 년 가까운 세월을 거쳐 육지에도 바다에도 다양한 종의 동물이 넘쳐나게 되었다. 척추동물은 드디어 하늘을 날기 시작했고, 또한 훗날 포유류를 낳게 되는 그룹인 '단궁류'가 크게 번성한다.

이 페이지를 넘기기 전에 반드시 책의 앞부분을 다시 훑어보기 바란다. 긴 세월을 거치며 생명의 크기가 어떻게 변해왔는지, 그 차이를 실감할 수 있으리라.

시카마이아

【*Sikamaia akasakaensis*】

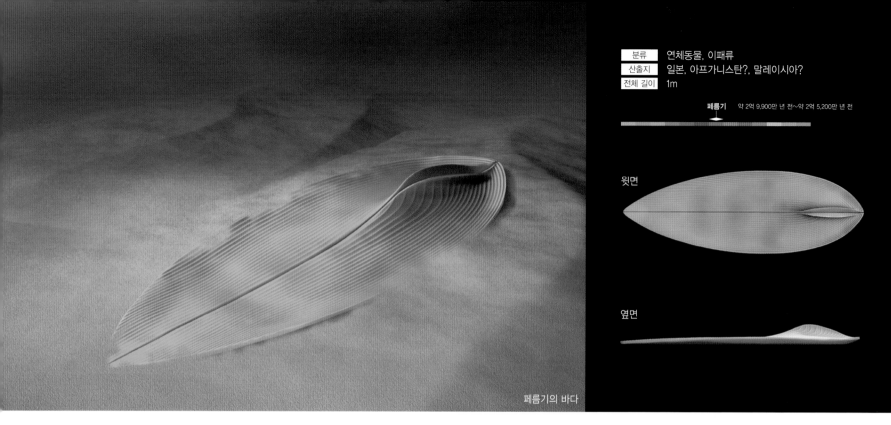

분류　연체동물, 이패류
산출지　일본, 아프가니스탄?, 말레이시아?
전체 길이　1m

페름기　약 2억 9,900만 년 전~약 2억 5,200만 년 전

윗면

옆면

페름기의 바다

　숲속에서 유유히 카누를 젓고 있는데 옆에 뭔가 수상한 물체가 떠 있다. 보트…는 아니고, 커다란 나뭇잎도 아니다. 대체 뭘까?

　이 수상한 물체의 정체는 시카마이아 아카사카인시스(*Sikamaia akasakaensis*). 이래 봬도 껍데기가 두 장인 조개, 이패류(二貝類, bivalvia)다. 크기는 1m가 넘는 것도 있어 '역사상 가장 큰 이패류'로 알려져 있다.

　시카마이아는 앞뒤로 편평한 조개이며 껍데기의 앞부분은 약간 울퉁불퉁하고, 껍데기 뒷부분은 약간 부풀어 있다. 이런 모습이 일명 하트 조개(*Corculum cardissa*)와 닮았다는 견해도 있다.

　하지만 실제로는 시카마이아의 전체 모습은 제대로 밝혀지지 않은 상태다. 이 화석은 흑색셰일 속에 갇힌 모습이 단편적으로만 확인될 뿐이며, 전체 모습을 보려면 흑색셰일을 깎아 발굴하는 수밖에 없다. 카누를 탄 남성이 보고 있는 시카마이아는 사실 하나의 부분에 불과한 것이다.

　이렇게 형태가 확실하지 않아 생태 역시 베일에 싸여 있다. 실제로는 수면에 뜨지 못하고 해저에서 만 살았을지 모른다는 의견도 있지만, 이 역시 하나의 추측이다.

　'시카마이아', '아카사카인시스'처럼 모음이 많은 철자에서 알 수 있듯이, 이 조개 화석의 산지는 일본의 기후현(岐阜県) 오가키시(大垣市) 아카사카(赤坂)에 있는 가나부(金生) 산 등이 유명하며, 몇몇 박물관에 표본과 복원모형이 전시되어 있다. 또한 시카마이아라는 이름은 지금은 고인이 된 고생물학자 시카마 도키오(鹿間時夫) 박사의 이름에서 따왔다.

에리옵스

【*Eryops megacephalus*】

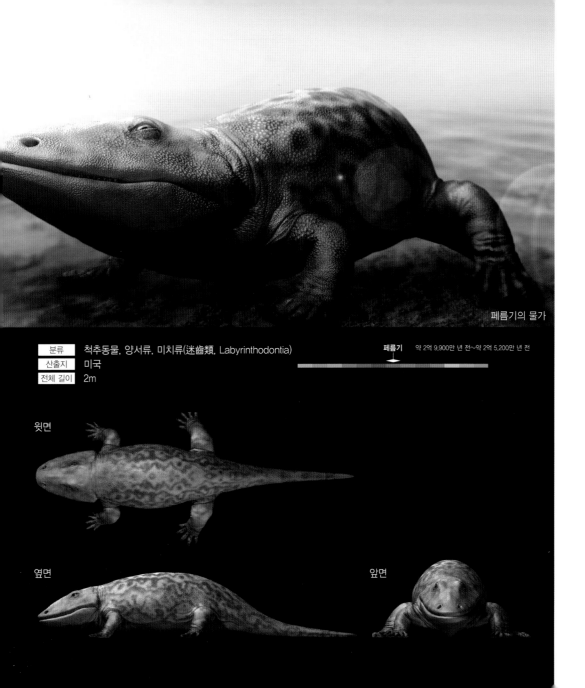

페름기의 물가

분류	척추동물, 양서류, 미치류(迷齒類, Labyrinthodontia)
산출지	미국
전체 길이	2m

페름기　약 2억 9,900만 년 전~약 2억 5,200만 년 전

윗면

옆면

앞면

어떤 미술관에는 '고생대'를 주제로 한 전시실이 있다고 한다. 진열된 그림은 3억 년 동안의 고생대 세계를 수놓은 다양한 고생물들의 그림. 전시실 가운데 준비된 소파에 앉아 이런 그림을 바라보고 있으면 유구한 시간과 함께 왠지 쓸쓸해진다. 고생대의 고생물을 주제로 한 이 책도 이제 슬슬 막바지에 접어들고 있다. 다음 책에는 어떤 동물과 식물들이 등장할까?

…이런 감상에 젖어 있는데, 웬 녀석이 엉금엉금 다가온다. 묵직하고 퉁퉁한 커다란 몸. 이 동물의 이름은 에리옵스 메가케팔루스(*Eryops megacephalus*). 고생대 말기의 미국에서 서식했던 양서류다.

에리옵스는 단순히 '덩치가 큰 양서류'가 아니다. 녀석의 입에는 날카로운 이빨이 들어차 있고, 넓고 튼튼한 턱을 가졌다. 이것은 분명 육식성 동물의 특징이다. 이런 점에서 '양서류 사상 최강의 종'이라는 추측도 가능하다.

고생대 말기의 물가에서 에리옵스는 생태계의 '지배층'이었을 것으로 보인다. 당시 내륙에서 '세력'을 확대하고 있던 단궁류의 대형 육식종과 생태계의 높은 자리를 놓고 경쟁했을 것이다.

…고생대의 다양한 시대를 대표하는 '최강 종'들의 그림이 걸린 이 전시실. 에리옵스는 향수를 느끼고 있을까? 다행히 옆에 있는 여성을 습격할 것 같지는 않다. 참고로 이렇게 '즐거운 미술관'은 필자가 아는 한 존재하지 않는다.

헬리코프리온

【*Helicoprion bessonowi*】

페름기의 바다

분류	척추동물, 연골어류, 전두류
산출지	미국, 러시아, 일본 외
전체 길이	3m 이상

페름기   약 2억 9,900만 년 전~약 2억 5,200만 년 전

앞면   옆면

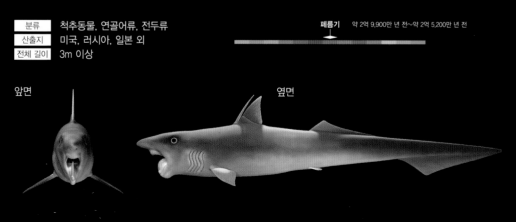

"어머, 이상하게 생긴 상어예요."

"정말. 저것 좀 봐."

"저게 뭐지?"

"아래쪽에 있는 건 샌드타이거 상어 같아. 그럼, 위에 있는 건…?"

"글쎄…, 뭘까?"

아빠와 딸은 이런 대화를 나누고 있지 않을까.

샌드타이거 상어 위에서 같은 방향으로 헤엄치고 있는 것은 헬리코프리온 메소노위(*Helicoprion bessonowi*)다. 관람객 앞으로 휙 지나쳐 버렸지만 녀석의 가장 큰 특징은 아래턱이다. 아래턱 한가운데를 가로질러 목구멍 방향으로 마치 전기톱의 '원반형 톱니'처럼 생긴 이빨이 배열되어 있다. 아래턱과 치열이 아주 독특하다. 하지만 이 이빨의 역할을 설명하는 결정적인 의견은 없다.

헬리코프리온의 주식은 두족류가 아니었을까 하는 관측이 있다. 수족관에서 먹이를 준다면 오징어나 문어가 좋을 것이다. 사육사가 이 수족관에 먹이를 넣었을 때, 헬리코프리온이 어떻게 아래턱을 사용하는지 자세히 관찰해 보고 싶다.

참고로 헬리코프리온은 연골어류로 분류되어 있지만, 다음 단계 분류는 분명하지 않았다. 하지만 최근 2013년에 발표된 연구 결과에 근거해 은상어의 친척이라는 견해가 우세해졌다.

디플로카울루스

【*Diplocaulus magnicornis*】

페름기의 바다

분류	척추동물, 양서류
산출지	미국
전체 길이	1m

페름기　약 2억 9,900만 년 전~약 2억 5,200만 년 전

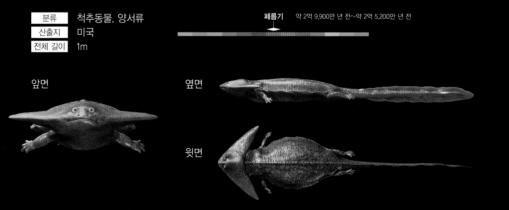

앞면　　　　　　　　　옆면

　　　　　　　　　　　윗면

"오늘은 더우니까 욕조에 몸이라도 담글까." 드르륵 욕실 문을 열었는데…, 먼저 온 손님이 있었네. 디플로카울루스가 기분 좋은 듯 욕조에 떠 있다.

디플로카울루스는 마치 두툼한 부메랑처럼 생긴 머리가 특징인 양서류다. 머리는 평평하고 좌우로 넓적한 부메랑 모양이며 각도가 큰 'V'자처럼 생겼다. 다만 머리가 크다고 해서 입까지 큰 건 아니다. 디플로카울루스의 입은 'V'자 가운데에 작게 나 있다.

두 개의 눈은 그 입 바로 근처에 있고, 무척이나 사랑스러운 표정을 보여준다. '양서류'라고는 하지만 현생의 개구리(무미류)나 영원(蠑蚖, 유미류), 다리가 없는 양서류(무족류) 무리와는 다른 멸종된 그룹으로 분류된다.

디플로카울루스의 가장 큰 특징은 이미 말한 것처럼 머리 부분이다. 다만, 어렸을 적부터 머리가 컸던 건 아닌 것 같다. 어렸을 적에는 폭이 넓지도 않았을뿐더러 'V'자도 아니었다. 굳이 말하자면 정삼각형에 가까운 형상이다. 이 동물은 성장하면서 머리의 형태를 크게 변화시킨 것이다.

머리는 넓적한 몸체로 이어지고, 거기서 작은 사지와 꼬리가 뻗어 있다. 이 작은 사지로는 땅 위를 걸어 다닐 수 없다. 때문에 오로지 물속에서만 생활했을 걸로 추측된다. 욕실처럼 물살이 없는 곳도 좋지만 어느 정도는 강한 물살이 있어도 움직일 수 있었던 것으로 보인다.

코엘루로사우라부스
【*Coelurosauravus jaekeli*】

분류	척추동물, 파충류
산출지	캐나다
전체 길이	1m

페름기 약 2억 9,900만 년 전~약 2억 5,200만 년 전

윗면

윗면
(날개를
펼쳤을 때)

옆면

페름기의 육지

잠깐 산책을 나갔다가 비둘기한테 모이를 주려는데… 생각지도 못한 동물이 날아들었다!

아, 자! 잠깐!

그 동물은 능숙하게 날개를 접고 내 손에 '착지'했다. 이 접을 수 있는 날개를 가진 동물의 이름은 코엘루로사우라부스 자이켈리(*Coelurosauravus jae-keli*)다.

코엘루로사우라부스는 지금까지 알려진 파충류 가운데 가장 초기에 하늘을 난 동물 중 하나다. 좌우

각각 날갯죽지 뒤쪽 부근과 몸체 측면으로 23개의 뼈가 있고, 그 뼈를 옆으로 펼칠 수가 있다. 각각의 뼈가 피막의 심이 되어 전체적으로 날개를 형성한 것으로 보인다. 이런 비슷한 구조를 가진 동물로 말레이 반도에 서식하는 날도마뱀이 있으나 날도마뱀 날개의 심은 갈비뼈(늑골)인데 반해 코엘루로사우라부스는 '전용 뼈'다. 코엘루로사우라부스는 이 복부의 날개를 사용해 주로 높은 곳에서 낮은 곳으로 활강한 것으로 추측된다. 조류 등 날 수 있는 척추동

물(비상성 척추동물)과 크게 다른 점은 스스로 날갯짓을 하지는 못했다는 것이다.

긴 꼬리도 코엘루로사우라부스의 특징 중 하나이다. 이 꼬리는 유연하게 움직일 수 있어 비행 중에 자세를 제어하는 데 중요한 역할을 했을 것으로 보인다. 앞다리는 비행 방향을 결정하기 위한 방향키의 역할을 했을 거라는 견해도 있다.

현재까지 보고된 바에 따르면, 코엘루로사우라부스는 페름기 후기에 등장했다. 후손은 남아 있지 않다.

스쿠토사우루스

【*Scutosaurus karpinskii*】

페름기의 육지

분류	척추동물, 파충류, 파레이아사우루스류
산출지	러시아
전체 길이	2m

페름기 약 2억 9,900만 년 전~약 2억 5,200만 년 전

옆면

앞면

대형견과 같이 살다 보면 소형견이나 중형견에게서 느낄 수 없는 즐거움을 실감할 수 있다. 그리고 동시에 대형견만의 고충도 있다. 그중 하나가 놀이 상대를 찾는 것이다. 대형견과 함께 거리낌 없이 놀수 있는 동물은 사실 찾기 힘들다.

그래서 놀이 상대를 찾으려 스쿠토사우루스 카르핀스키(*Scutosaurus karpinskii*)가 있는 공원에 반려견을 데리고 갔다. 이런, 좋아할 줄 알았는데 둘이 노려보며 꼼짝도 하지 않는다. 반려견도 반려견이지만 스쿠토사우루스도 스쿠토사우루스다. 참 곤란하게 됐다.

스쿠토사우루스는 '중량급'이라는 단어가 딱 어울리는 파충류다. 묵직한 몸, 육중한 다리, 좌우로 프릴이 달린 머리 등이 특징이다. 얼굴은 박력 있게 생겼지만 초식동물이며 주로 부드러운 식물을 먹었던 것으로 추정된다.

물론 스쿠토사우루스를 방목하는 공원은 존재하지 않으므로 대형견의 놀이 상대가 되어 달라고 할수는 없다. 지금까지 보고된 바로, 스쿠토사우루스를 포함한 파레이아사우루스류는 페름기에 크게 번성한 대표적인 대형 초식동물이다. 당시 전 세계의 대륙이 한 곳에 모여 초대륙 '판게아'를 형성했고, 적어도 일부 파레이아사우루스류는 그 판게아의 내륙 지역에서 번성했음이 밝혀졌다.

메소사우루스
【*Mesosaurus tenuidens*】

분류	척추동물, 파충류, 준파충류
산출지	브라질, 나미비아, 남아프리카공화국 외
전체 길이	1m

페름기　약 2억 9,900만 년 전~약 2억 5,200만 년 전

윗면

옆면

앞면

페름기의 하천과 호수와 늪

"Take your mark(준비)." "빽!"

출발 신호와 함께 경기가 시작되었다. 그런데 옆에 긴 꼬리의 어떤 동물이 헤엄을 치고 있다. 길쭉한 머리에는 아주 가늘고 긴 이가 나 있고, 몸에는 제대로 된 네 발이 있다. 이런 동물이 옆에서 헤엄을 치고 있다면… 당신은 멈추지 않고 계속 헤엄칠 수 있을까?

수영장으로 흘러들어온 이 동물은 메소사우루스 테누이덴스(*Mesosaurus tenuidens*)라고 불린다. 전

통적으로 파충류로 분류되어 왔지만 최근에는 다른 의견도 있다(그렇다 해도 양서류라든가 포유류라는 얘기는 아니다).

메소사우루스가 무엇으로 분류되든 이 동물의 생태가 변하는 건 아니다. 메소사우루스는 네 발이 있기는 하지만 육상 종은 아니고, 호수나 하천에 살았던 담수성 종으로 알려져 있다.

지금까지 보고된 바에 따르면, 메소사우루스는 고생대 페름기의 남아메리카 대륙과 아프리카 대륙

에서 살았다. 누구나 아는 얘기지만, 현재 이 두 대륙 사이에는 대서양이 있어서 담수성 종이 이 바다를 건널 수는 없다. 하지만 양 대륙에서 메소사우루스의 화석이 실제로 발견되고 있다.

이 사실은 페름기 당시에 양 대륙은 육지로 연결되어 있었음을 의미한다. 메소사우루스는 소위 말하는 '대륙 이동설'에서 과거에 초대륙이 존재했음을 드러내는 증거인 것이다.

디메트로돈

【Dimetrodon grandis】

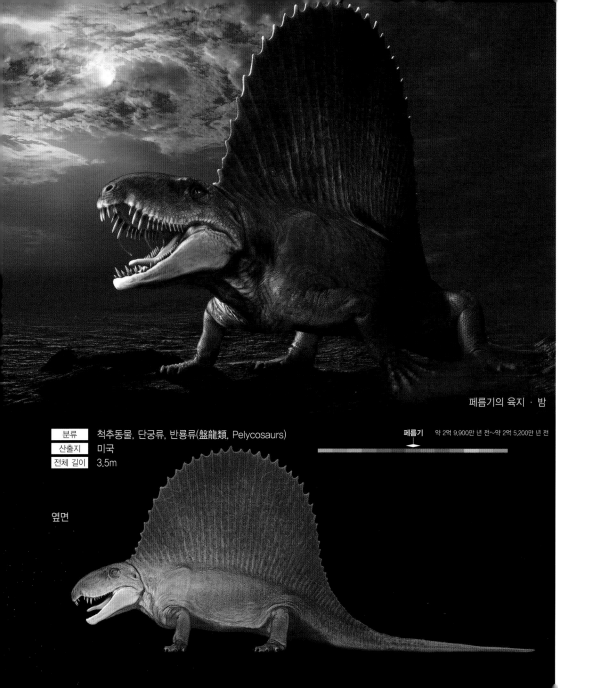

페름기의 육지 · 밤

분류	척추동물, 단궁류, 반룡류(盤龍類, Pelycosaurs)
산출지	미국
전체 길이	3.5m

페름기 　약 2억 9,900만 년 전~약 2억 5,200만 년 전

옆면

주차를 하려고 주차장에 들어갔는데 디메트로돈 그란디스(*Dimetrodon grandis*)들이 여기서 쉬고 있었나 보다. 한 마리는 예의 바르게 주차선 안에서 쉬고 있다. 나머지 두 마리도 '주차 공간'을 찾고 있는 것 같다.

'디메트로돈'이라는 이름을 갖는 종은 여럿 있다. 종에 따라 그 크기는 제각각이지만 큰 것은 전체 길이가 거의 3.5m에 달한다고 한다(4.6m에 달한다는 설도 있다). 일본의 경차는 법적으로 전체 길이가 3.4m(한국은 3.6m-옮긴이) 이하여야 한다. 즉 디메트로돈 중 큰 개체는 길이가 일본의 경차와 거의 같다고 할 수 있다. 앞 페이지의 파란 소형차보다 조금 작은 정도이다.

디메트로돈은 고생대의 육상 세계에서는 최대급의 육식동물이다. 육식동물이 '큰' 이유는 먹이가 되는 동물이 크기 때문이라는 견해가 많다. 즉 역사적으로는 당시 비슷한 크기의 동물들이 많았던 것이다.

한편, 디메트로돈의 돛에는 예전부터 '체온 조절 기능'이 있다고 여겨져 왔다. 돛을 햇빛에 비춰 몸을 따뜻하게 하고, 바람을 쏘이게 해 시원하게 했던 건 아닐까. 단, 2014년에 발표된 눈에 관한 연구에서 디메트로돈은 원래 야행성이었을지 모른다는 의견이 제시되었다. 적어도 눈은 '야행성'에 유용했다는 것이다. 하지만 야행성과 돛의 상관관계에 대해서는 그다지 알려진 바가 없다.

코틸로린쿠스

【Cotylorhynchus romeri】

페름기의 하천

분류	척추동물, 단궁류, 반룡류, 카세아류
산출지	미국
전체 길이	3.5m

페름기　약 2억 9,900만 년 전~약 2억 5,200만 년 전

윗면

옆면

앞면

요즘 개를 산책시킬 때는 코틸로린쿠스 로메리(Cotylorhynchus romeri)와 함께한다. 몸 전체 길이가 3.5m가 넘는 이 거대한 녀석은 신경 쓰지 않아도 엉금엉금 잘 따라온다. 개도 익숙해져서 특별히 놀라지 않고 같이 잘 걷는다. 그러고 보니 코틸로린쿠스는 의외로 키우기 쉬울지 모르겠다. 이런 체구를 실내에서 키운다는 것 자체가 상당히 어렵기는 하겠지만….

코틸로린쿠스는 몸이 드럼통처럼 생긴 단궁류이며 그 커다란 몸에 어울리지 않는 작은 머리가 특징이다. 식성은 초식이다.

코틸로린쿠스는 사육할 때 주의가 필요하다. 보는 것처럼 머리가 너무 작고, 목도 결코 길지 않기 때문에 입을 땅에 가까이 가져갈 수가 없다. 그래서 물이 담긴 그릇은 바닥이 아닌 코틸로린쿠스의 입이 닿는 높은 곳에 두어야 한다.

지금까지 보고된 바로, 코틸로린쿠스는 페름기를 대표하는 동물로 알려져 있다. 당시의 단궁류로서는 최대급이고, 196쪽에서 소개한 디메트로돈이나 202쪽의 이노스트란케비아와 거의 비슷한 크기다.

2016년에 발표된 연구에 따르면, 코틸로린쿠스를 비롯한 카세아류라는 그룹은 수생이었을 가능성이 있다고 한다. 수생이었다면 과연 '입을 땅에 가까이 가져갈 수 없다'는 문제점은 해결이 된다. 짧은 다리도 땅 위에서 걷기보다는 수중에서 물살을 가르는 데 더 적합했을지 모른다.

에스테메노수쿠스
【*Estemmenosuchus mirabillis*】

분류	척추동물, 단궁류, 수궁류(獸弓類, Therapsida)
산출지	러시아
전체 길이	3m

페름기　약 2억 9,900만 년 전~약 2억 5,200만 년 전

옆면

앞면

페름기의 육지

세상 어딘가에 조금 별난 동물을 사육하는 목장이 있다고 한다. 그곳에는 아마 소보다 두 배나 큰 동물이 있다던가. 이번에 소개할 곳은 멸종 단궁류인 에스테메노수쿠스 미라빌리스(*Estemmenosuchus mira-billis*)가 있는 목장이다.

사람들은 덩치가 크고 조금 생김새가 색다르다 싶으면 바로 "아, 공룡이다"라고 하는 경향이 있는데, 에스테메노수쿠스는 공룡이 아니다. 분명 좌우

눈 위에 한 개씩, 볼 양옆에 한 개씩 돌기가 발달해 있고, 박력 있는 표정은 분명 여느 공룡한테도 지지 않을 것 같다. 하지만 녀석은 엄연한 단궁류다. 우리 인간이 속한 포유류도 단궁류의 한 그룹이라서 말하자면 우리와 먼 친척과도 같은 존재다. 아무리 박력 있는 얼굴이라 해도 혹은 소보다 덩치가 크다 해도, 공룡류가 속한 파충류는 아닌 것이다.

에스테메노수쿠스는 긴 엄니가 발달해 있다. 하

지만이 엄니는 고기를 자르기 위한 용도가 아니다. 녀석은 초식이기 때문이다. 최근의 연구에서는 이런 엄니가 이성에게 어필하기 위해 발달한 것이라는 주장이 있다.

지금까지 보고된 바로, 에스테메노수쿠스는 고생대 페름기의 러시아에서 번성했던 단궁류의 일종이며, 당시 세계 각지에는 이런 거대하고 재미있게 생긴 단궁류가 여러 종류 있었다고 한다.

이노스트란케비아

【*Inostrancevia alexandri*】

페름기의 육지

분류	척추동물, 단궁류, 수궁류, 고르고놉스류
산출지	러시아
전체 길이	3.5m

페름기　약 2억 9,900만 년 전~약 2억 5,200만 년 전

앞면

옆면

사자 옆에 거의 비슷한 덩치의 동물이 걷고 있다. 같은 것을 보고 있는 걸까. 두 마리가 나란히 걷고 있는 모습이 조금은 보기 좋다.

하지만 사실 이렇게 느긋한 얘기를 하고 있을 여유는 없다. 사자 옆에 있는 동물의 입에는 길고 날카로운 엄니가 있다. 얼굴을 보아하니, 아무래도 사나운 육식동물임에 틀림없는 것 같다. 사자만으로도 무서운데 정체 모를 한 마리가 더 있다는 건… 만약 당신이 무방비 상태로 이 상황에 맞닥뜨린다면 그때는 녀석들이 눈치채지 못하도록 최선의 노력을 하든지… 아니면 뭐 여러 면에서 포기하는 편이 좋을지 모르겠다.

긴 엄니를 가진 이 동물의 이름은 이노스트란케비아 알렉산드리(Inostrancevia alexandri)다. 지금까지 보고된 바로는 고생대 페름기의 러시아에 군림했던 동물이다.

고생대 페름기 후반은 수궁류라는 그룹이 크게 번성했다. 그중에서도 고르고놉스류는 대형 육식동물로서 당시의 생태계에 군림했던 것으로 추측된다. 이노스트란케비아 알렉산드리는 고르고놉스류 중에서 가장 덩치가 큰 종이다. 이는 동시에 고생대 전반에 걸쳐 육상 육식동물 중에서 최대급이었음을 의미한다.

고르고놉스류가 속한 수궁류에는 포유류도 속한다. 즉, 여기 묘사된 광경은 과거의 수궁류와 현재 수궁류를 대표하는 '백수의 왕'들인 셈이다.

디익토돈
【Diictodon feliceps】

분류	척추동물, 단궁류, 수궁류
산출지	남아프리카
전체 길이	45cm

페름기   약 2억 9,900만 년 전~약 2억 5,200만 년 전

앞면

윗면

옆면

페름기의 육지

래브라도 리트리버 옆에서 낯선 동물이 함께 낮잠을 자고 있다. 자세히 보니 녀석의 입 밖으로 작은 엄니가 삐죽 나와 있다. 이 동물의 이름은 디익토돈 펠리켑스(Diictodon feliceps)다.

지금까지 보고된 바로는, 디익토돈은 약 2억 5,700만 년 전 고생대 페름기에 남아프리카공화국에서 크게 번성했던 동물이다. 남아프리카공화국의 카루 분지에 있는 지층은 다양한 육상 척추동물의 화석이 발굴되는 것으로 유명하다. 디익토돈의 화석 개체 수는 그중 60%를 차지한다.

디익토돈의 특징은 바로 이 엄니이다. 다음 시대의 검치호랑이에는 한참 멀었지만 입 밖으로 튀어나올 정도로 길기는 하다. 한편, 엄니 뒤쪽 이는 발달하지 않았다고 한다.

디익토돈은 202쪽에서 소개한 이노스트란케비아와 같은 수궁류에 속한다. 수궁류는 포유류의 친척뻘이며, 모습도 닮았다고 할 수 있을지도 모르겠다.

굴을 파고 집단생활을 한 것도 디익토돈의 특징 중 하나다. 땅속에 나선형으로 파인 굴 화석 안에 있던 두 마리의 디익토돈 화석도 발견되었다. 작은 몸은 땅속 생활을 하기에 알맞았다.

집단생활을 했다면 현대의 개들과도 잘 지낼지 모른다. '한 집에 디익토돈 한 마리씩'은 어떨까?

더 자세히 알고 싶은 독자를 위한 참고자료

이 책을 쓰면서 참고한 주요 문헌은 아래와 같다. 또 웹사이트에 관해서는 전문 연구 기관 혹은 연구자, 이에 해당하는 조직, 개인이 운영하고 있는 것을 참고했다.
이 책에 나오는 연대 값은 International Commission on Stratigraphy, 2017/02, INTERNATIONAL STRATIGRAPHIC CHART를 사용했다.

일반서적

《에디아카라기·캄브리아기의 생물》, 츠치야 켄, 군마현립자연사박물관 감수, 2013년, 기쥬츠효우론샤.
《오르도비스기·실루리아기의 생물》, 츠치야 켄, 군마현립자연사박물관 감수, 2013년, 기쥬츠효우론샤.
《LIVE 고생물》, 가토 다이치 감수, 2017년, 가켄플러스.
《바다의 무척추동물》, 후쿠다 미치오, 1996년, 가와시마쇼텐.
《고생대의 어류》, J. A. 모이토머스, R. S.마일스, 1981년, 코우세이샤코우세이카쿠
《고생물학 사전》, 일본고생물학회, 2010년, 2판, 아사쿠라쇼텐.
《고생물의 불가사의한 세계》, 츠치야 켄, 다나카 겐고, 2017년, 고단샤.
《NEO 물의 생물》, 하쿠야마 요시히사, 2005년, 쇼가쿠칸.
《생명사 도감》, 츠치야 켄, 군마현립자연사박물관 감수, 2017년, 기쥬츠효우론샤.
《청장생물화석군 도감》, 시안광후, 얀 베르그스트룀, 2008년, 아사쿠라쇼텐.
《데본기의 생물》, 츠치야 켄, 군마현립자연사박물관 감수, 2014년, 기쥬츠효우론샤.
《석탄기·페름기》, 츠치야 켄, 군마현립자연사박물관 감수, 2014년, 기쥬츠효우론샤.
《무척추동물의 다양성과 계통》, 이와츠키 구니오 편집, 마와타리 슌스케·하쿠야마 요시히사 감수, 2000년, 쇼카보.
《Wonderful Life》, 스티븐 제이 굴드, 1989년, W. W. 노턴.
《The Rise of Fishes》, 존 롱, 2011년, 존스홉킨스대학 출판부.

웹사이트

온몸이 빼인 5억 년 전의 기묘한 신종화석 발견, 〈내셔널 지오그래픽〉, 2015년 7월, http://natgeo.nikkeibp.co.kr/atcl/news/15/070100165
도로, 국토교통성. http://www.mlit.co.jp/road
아르카이오프테리스, 미과샤 국립공원. http://miguasha.ca/mig-en/archaeopteris.php
버제스 혈암. http://burgess-shale.rom.on.ca

학술논문

James C. Lamsdell, Derek E. G. Briggs, Huaibao P. Liu, Brian J. Witzke, Robert M. McKay, 2015, The oldest described eurypterid: a giant Middle Ordovician (Darriwilian) megalograptid from the Winneshiek Lagerstätte of Iowa. BMC Evolutionary Biology 15:169.

Jie Yang, Javier Ortega-Hernández, J. Sylvain Gerber, Nicholas J. Butterfield, Jin-bo Hou, Tian Lana, Xi-guang Zhang, 2015, A superarmored lobopodian from the Cambrian of China and early disparity in the evolution of Onychophora, PNAS, doi/10.1073/pnas.1505596112.

Joachim T. Haug, Andreas Maas, Dieter Waloszek, 2009, Ontogeny of two Cambrian stem crustaceans, †Goticaris longispinosa and †Cambropachycope clarksoni, Palaeontographica Abt. A, vol.289, p1–43.

Julien Benoit, Paul R. Manger, Vincent Fernandez, Bruce S. Rubidge, 2016, Cranial Bosses of Choerosaurus dejageri (Therapsida, Therocephalia): Earliest Evidence of Cranial Display Structures in Eutheriodonts, PLoS ONE, 11(8):e0161457, doi:10.1371/journal.pone.0161457.

Laurens Sallan, Sam Giles, Robert Sansom, John T. Clarke, Zerina Johanson, Ivan J. Sansom, Phillippe Janvier, 2017, The 'Tully Monster' is not a vertebrate: characters, convergence and taphonomy in Palaeozoic problematic animals, Palaeontology, vol60, Issue2, p149-157.

M. I. Coates, S. E. K. Sequeira, 2001, A new stethacanthid chondrichthyan from the Lower Carboniferous of Bearsden, Scotland, Journal of Vertebrate Paleontology, vol.21, no3, p438–459

Peter Van Roy, Allison C. Daley, Derek E. Briggs, 2015, Anomalocaridid trunk limb homology revealed by a giant filter-feeder with paired flaps, Nature, vpl.522, p77-80.

Peter Van Roy, Derek E. G. Briggs, Robert R. Gaines, 2015, The Fezouata fossils of Morocco; an extraordinary record of marine life in the Early Ordovician, Journal of the Geological Society, doi:10.1144/jgs2015-017.

Renee S. Hoekzema, Martin D. Brasier, Frances S. Dunn, Alexander G. Liu, Quantitative study of developmental biology confirms Dickinsonia as a metazoan, Proc. R. Soc. B284:20171348, https://doi.org/10.1098/rspb.2017.1348

Sophie Sanchez, Paul Tafforeau, Jennifer A. Clack, Per E. Ahlberg, Life history of the stem tetrapod Acanthostega revealed by synchrotron microtomography, Nature, vol.537, p408–411.

S. W. Williams, 1908-1909, The Skull and extremities of Diplocaulus, Transaction of the Kansas Academy of Science (1903-), vol.22, p122-131.

Tiiu Märss, 2001, Andreolepis (Actinopterygii) in the Upper Silurian of northern Eurasia. Proc. Estonian Acad. Sci. Geol, vol.50, no.3, p174–189.

Victoria E. McCoy, Erin E. Saupe, James C. Lamsdell, Lidya G. Tarhan, Sean McMahon, Scott Lidgard, Paul Mayer, Christopher D. Whalen, Carmen Soriano, Lydia Finney, Stefan Vogt, Elizabeth G. Clark, Ross P. Anderson, Holger Petermann, Emma R. Locatelli, Derek E. G. Briggs, 2016, The 'Tully monster' is a vertebrate, Nature, vol.532, p496-499.

찾아보기

KOSEIBUTSU NO SIZE GA JIKKAN DEKIRU!
REAL-SIZE KOSEIBUTSU ZUKAN KOSEIDAI-HEN written by Ken Tsuchiya,
supervised by Gunma Museum of Natural History

실물 크기로 보는
고생물도감 - 고생대 편

2019년 4월 15일 1판 1쇄 발행
2021년 9월 1일 1판 3쇄 발행

지은이 | 츠치야 켄
옮긴이 | 김소연
감수자 | 이융남
펴낸이 | 양승윤

펴낸곳 | (주)영림카디널
서울특별시 강남구 강남대로 354 혜천빌딩
Tel.555-3200 Fax.552-0436
출판등록 1987.12.8. 제16-117호

http://www.ylc21.co.kr

값 30,000원

ISBN 978-89-8401-230-1 04450
ISBN 978-89-8401-007-9 (세트)

「이 도서의 국립중앙도서관 출판예정도서목록(CIP)은 서지정보유통지원시스템
홈페이지(http://seoji.nl.go.kr)와 국가자료공동목록시스템(http://www.nl.go.kr/kolisnet)에서
이용하실 수 있습니다.(CIP제어번호: CIP2019010242)」